全球变化热门话题丛书

主　编　秦大河

副主编　丁一汇　毛耀顺

厄尔尼诺

E'erninuo

翟盘茂　李晓燕　任福民 编著

气象出版社

图书在版编目(CIP)数据

厄尔尼诺/翟盘茂,李晓燕,任福民编著.—北京:气象出版社,2003.3（2009.6 重印）

（全球变化热门话题/秦大河主编）

ISBN 978-7-5029-3550-4

Ⅰ.厄… Ⅱ.①翟…②李…③任… Ⅲ.“厄尔尼诺”现象-普及读物 Ⅳ.P732-49

中国版本图书馆 CIP 数据核字(2003)第 016900 号

气象出版社出版

（北京市海淀区中关村南大街 46 号 邮编:100081）

总编室:010－68407112 发行部:010－68409198

网址 http://www.cmp.cma.gov.cn E-mail:qxcbs@263.net

责任编辑:成秀虎 终审:周诗健

封面设计:新视窗工作室 责任技编:陈 红 责任校对:宋春香

*

北京京科印刷有限公司印刷

气象出版社发行 全国各地新华书店经销

*

开本:889×1194 1/32 印张:6 彩插:2 字数:155.9 千字

2003 年 3 月第一版 2009 年 6 月第三次印刷

印数:7001～10000 定价:19.00 元

序　言

全球变化科学是从20世纪80年代发展起来的一个新兴的科学领域。其研究对象是气候系统(包括岩石圈、大气圈、水圈、冰冻圈和生物圈)、各子系统内部以及各子系统之间的相互作用。它的科学目标是描述和理解人类赖以生存的气候系统运行的机制、变化规律以及人类活动在其中所起的作用与影响,从而提高对未来环境变化及其对人类社会发展影响的预测和评估能力。近20年来,全球变化的研究方向经历了重大调整。首先是从认识气候系统基本规律的纯基础研究为主,发展到与人类社会可持续发展密切相关的一系列生存环境实际问题的研究;其次是从研究人类活动对环境变化的影响,扩展到研究人类如何适应和减缓全球环境的变化。全球变化的研究已经取得了重大的进展。

气候变化是全球变化研究的核心问题和重要内容。科学研究表明,近百年来,地球气候正经历一次以全球变暖为主要特征的显著变化。近50年的气候变暖主要是人类使用矿物燃料排放的大量二氧化碳等温室气体的增温效应造成的。现有的预测表明,未来50～100年全球的气候将继续向变暖的方向发展。这一增温对全球自然生态系统和各国社会经济已经产生并将继续产生重大而深刻的影响,使人类的生存和发展面临巨大挑战。

自工业革命(1750年)以来,大气中温室气体浓度明显增加。大气中二氧化碳的浓度目前已达到368 ppmv(百万分之一体积),这可能是过去42万年中的最高值。增强的温室效应使得自1860年有气象仪器观测记录以来,全球平均温度升高了0.6±0.2℃。

最暖的14个年份均出现在1983年以后。20世纪北半球温度的增幅可能是过去1 000年中最高的。降水分布也发生了变化。大陆地区尤其是中高纬地区降水增加，非洲等一些地区降水减少。有些地区极端天气气候事件(厄尔尼诺、干旱、洪涝、雷暴、冰雹、风暴、高温天气和沙尘暴等)的出现频率与强度增加。近百年我国气候也在变暖，气温上升了0.4～0.5℃，以冬季和西北、华北、东北最为明显。1985年以来，我国已连续出现了17个全国大范围暖冬。降水自20世纪50年代以后逐渐减少，华北地区出现了暖干化趋势。

对于未来100年的全球气候变化，国内外科学家也进行了预测。结果表明：(1)到2100年时，地球平均地表气温将比1990年上升1.4～5.8℃。这一增温值将是20世纪内增温值(0.6℃左右)的2～10倍，可能是近10 000年中增温最显著的速率。21世纪全球平均降水将会增加，北半球雪盖和海冰范围将进一步缩小。到2100年时，全球平均海平面将比1990年上升0.09～0.88 m。一些极端事件(如高温天气、强降水、热带气旋强风等)发生的频率会增加。(2)我国气候将继续变暖。到2020～2030年，全国平均气温将上升1.7℃；到2050年，全国平均气温将上升2.2℃。我国气候变暖的幅度由南向北增加。不少地区降水出现增加趋势，但华北和东北南部等一些地区将出现继续变干的趋势。

气候变化的影响是多尺度、全方位、多层次的，正面和负面影响并存，但它的负面影响更受关注。全球气候变暖对全球许多地区的自然生态系统已经产生了影响，如海平面升高、冰川退缩、湖泊水位下降、湖泊面积萎缩、冻土融化、河(湖)冰迟冻与早融、中高纬生长季节延长、动植物分布范围向极区和高海拔区延伸、某些动植物数量减少、一些植物开花期提前等等。自然生态系统由于适应能力有限，容易受到严重的、甚至不可恢复的破坏。正面临这种危险的系统包括：冰川、珊瑚礁岛、红树林、热带雨林、极地和高山生态系统、草原湿地、残余天然草地和海岸带生态系统等。随着气候变化频率和幅度的增加，遭受破坏的自然生态系统在数目上会有所增加，其地理范围也将增加。

气候变化对国民经济的影响可能以负面为主。农业可能是对气候变化反应最为敏感的部门之一。气候变化将使我国未来农业生产的不稳定性增加，产量波动大；农业生产布局和结构将出现变动；农业生产条件改变，农业成本和投资大幅度增加。气候变暖将导致地表径流、旱涝灾害频率和一些地区的水质等发生变化，特别是水资源供需矛盾将更为突出。对气候变化敏感的传染性疾病（如疟疾和登革热）的传播范围可能增加；与高温热浪天气有关的疾病和死亡率增加。气候变化将影响人类居住环境，尤其是江河流域和海岸带低地地区以及迅速发展的城镇，最直接的威胁是洪涝和山体滑坡。人类目前所面临的水和能源短缺、垃圾处理和交通等环境问题，也可能因高温、多雨而加剧。

由于全球增暖将导致地球气候系统的深刻变化，使人类与生态环境系统之间业已建立起来的相互适应关系受到显著影响和扰动，因此全球变化特别是气候变化问题得到各国政府与公众的极大关注。

1979 年的第一次世界气候大会（主要由科学家参加）宣言提出：如果大气中的二氧化碳含量今后仍像现在这样不断增加，则气温的上升到 20 世纪末将达到可测量的程度，到 21 世纪中叶将会出现显著的增温现象。1990 年 11 月，第二次世界气候大会（由科学家和部长参加）通过了《科学技术会议声明》和《部长宣言》，认为已有一些技术上可行、经济上有效的方法，可供各国减少二氧化碳的排放，并提出制定气候变化公约的问题。1991 年 2 月联合国组成气候公约谈判工作组，并于 1992 年 5 月完成了公约的谈判工作。1992 年 6 月联合国环境与发展大会期间，153 个国家和区域一体化组织正式签署了《联合国气候变化框架公约》。1994 年 3 月 21 日公约正式生效。截止到 2001 年 12 月共有 187 个国家和区域一体化组织成为缔约方。公约缔约方第一次大会于 1995 年 3 月在德国柏林召开。经过两年的艰苦谈判，1997 年 12 月在日本京都召开的公约第三次缔约方大会上通过了《京都议定书》，为发达国家规定了到 2008～2012 年的具体的温室气体减排义务。

1988 年 11 月世界气象组织和联合国环境规划署建立了“政府间气候变化专门委员会(IPCC)”，其主要任务是定期对气候变化科学知识的现状、气候变化对社会和经济的潜在影响，以及适应和减缓气候变化的可能对策进行评估，为各国政府和国际社会提供权威的科学信息。自成立以来，IPCC 已组织世界上数以千计的不同领域的科学家完成了三次评估报告及“综合报告”。目前，IPCC 正在准备编写第四次评估报告，将于 2007 年完成。此外，还组织编写了许多特别报告、技术报告。IPCC 组织编写的这些评估报告，作为制定气候变化政策和对策的科学依据提交给国际社会和各国政府。它不仅为各国政府部门制定气候变化对策提供了科学信息，而且也直接影响着《联合国气候变化框架公约》及《京都议定书》的实施进程，并在荒漠化、湿地等其他国际环境公约的活动中发挥着越来越大的作用。

全球气候变化问题，不仅是科学问题、环境问题，而且是能源问题、经济问题和政治问题。全球气候变化问题将给我国带来许多挑战、压力和机遇。

国际上要求我国减排温室气体的压力越来越大。目前我国二氧化碳排放量已位居世界第二，甲烷、氧化亚氮等温室气体的排放量也居世界前列。预测表明，到 2025～2030 年间，我国的二氧化碳排放总量很可能超过美国，居世界第一位；目前低于世界平均水平的我国人均二氧化碳排放量可能达到世界平均水平。由于技术和设备相对落后、陈旧，能源消费强度大，我国单位国内生产总值的温室气体排放量比较高。

我国减排温室气体的潜力受到能源结构、技术和资金的制约。煤是我国的主要能源，在我国一次能源消费中，煤炭约占 70%。受能源结构的制约，我国通过调整能源结构来减少二氧化碳排放量的潜力有限。如果近期就承担温室气体控制义务，我国的能源供应将受到制约。同时，因缺少相应的技术支撑，我国的经济发展将受到严重影响。因此，我国的能源结构和减排成本决定了我国不可能过早地承诺减排义务。在相当一段时期内，我国应坚持“节约能源、优化能源结构、提高能源利用效率”的能源政策，但是需要相当的技术和资金作为保证。目前发达国家希望通过“清洁发展机制(CDM)”项目，从发展中国家获得减排抵消额。这将为发展中国家获得新的投资和技术转让带来机遇。

我国党和政府对气候变化问题一直非常重视，早在 1986 年就成立了国家气候委员会，其职责是参加国际有关组织相应的活动，并在开展气候研究、预报、服务等工作中，负责对外的国际合作、交流，对内起到组织协调的作用，并与各有关部门共同协商、配合工作，充分发挥各有关单位的积极性，使气候科学更好地为国家建设服务。1995 年成立了国家气候中心，专门从事气候监测、预测和评价等工作，为我国经济建设和社会发展提供了卓有成效的服务。目前，气候变化与生态环境问题已引起党和政府的高度关注。但是总体来看，迄今为止我国还未把适应与减缓气候变化影响的问题真正提上议事日程，这方面的研究仍十分薄弱和不足。由于全球气候变暖可能给我国自然生态系统和社会经济部门带来难以承受的、不可逆转的、持久的严重影响。因此，应对全球气候变暖的影响，趋利避害，应成为我国实施可持续发展时必须重视的问题之一。需要全面深入研究气候变化对我国自然生态系统和国民经济各部门的影响后果、可采取的适应与减缓措施，并在对其进行成本-效益分析的基础上，提出我国适应与减缓气候变化影响的规划和行动计划。

为了宣传和普及气候和气候变化方面的科学知识，提高公众在全球变化问题上的科学认识，我们组织编撰出版这套《全球变化热门话题》丛书。本套丛书一共 18 册，由国内相关领域的知名专家撰稿，内容包括以下三方面：一是以大量监测数据为基础，揭示全球变化的若干事实及其在各个分系统中的表现形式；二是以太阳辐射、大气化学、大气物理、环境和生态演变等多学科交叉理论为基础，深入浅出地阐述气候变化的成因；三是以可持续发展理论为指导，提出人类适应和减缓全球变化的各种对策、途径和方法。该丛书的出版，旨在使人们对全球变化有清醒而全面的科学认识，从而更加关注全球变化，并且在更高的层次上、更广泛的范围内认识我国在全球变化中的地位和作用，自觉参与人类社会的共同决策，保护人类赖以生存的地球环境。

国家气候委员会主任
中国气象局局长 秦大河

2003年3月23日

目　录

第一章

厄尔尼诺简介

名称的由来

神秘的“圣婴”

近些年来，一个陌生而又带有几分神秘的名字——“厄尔尼诺(El Nino)”越来越多地出现在报刊、广播、电视和英特网中。特别是上一世纪最强的1997/98年厄尔尼诺事件爆发以后，立即引起了媒体的广泛注意。由于媒体的大力宣传，这个多年来仅为气象学家、海洋学家所关注和研究的现象一时间成为众多普通百姓谈论的热门话题。人们虽然还弄不清厄尔尼诺是何方妖孽，但已经把它当成了各种灾难的罪魁祸首，认为它的出现意味着各种灾害的降临。厄尔尼诺的到来，如同传说中的潘多拉魔盒被打开了一样，使人们不禁感到不安、担忧甚至恐慌。那末，厄尔尼诺到底是什么，它又会给我们带来什么样的影响呢？

其实单就“厄尔尼诺”这个词本身的意思来讲，它倒是一个非常吉祥可爱的字眼儿，它是西班牙语“圣婴”的意思，也可译作“上帝之子”。厄尔尼诺的名字起源于19世纪的秘鲁。秘鲁是南美洲西北部国家，位于太平洋东海岸的赤道南侧。富饶美丽的海洋是沿岸居民取之不尽用之不竭的宝库，他们成群结队地驾着小船出海捕鱼，辛勤劳作在一望无际的大海上，每每兴高采烈满载而归。长年的捕鱼生活也使渔民们熟知了大海的脾气，他们发现这里的海水并不是永远自南向北地流动，这里的鱼群也不是年年月月都多得捕不完，而是每到圣诞节前后，沿岸海域都会有一股向南流动的神秘暖洋流出现(图1.1)，这股暖洋流取代了往常他们捕鱼时向北流动的冷洋流，这时鱼群的数量就会明显地减少，这种现象一般会持续一两个月。人们还无法解释这种奇怪的现象，便把它与圣诞节联系起来，认为是“圣婴”降临带来的一种神奇力量，于是把它称为“厄尔尼诺”。实际上，那里渔民所说的厄尔尼诺仅仅是一种南美沿岸海域每年都会发生的季节性增暖现象，是局地的正常的季节变化，它既不会引起全球性的气候异常也

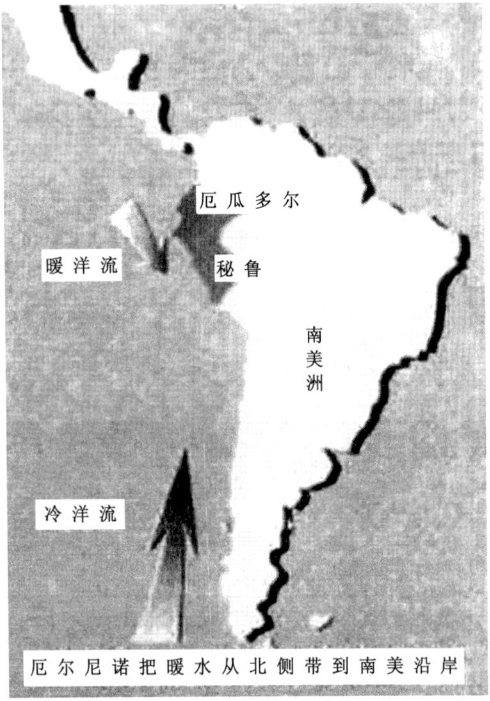

图1.1 南美沿岸圣诞节前后出现向南流动的暖流
(引自 UNEP and WMO，1994)

不会带来大范围的自然灾害,与我们今天所说的厄尔尼诺还不是一回事。虽然我们现在仍然沿用着这个古老的词汇来命名赤道东太平洋的增暖现象,但它的内容已经发生了根本的改变,它们不仅在时间尺度和空间尺度上存在着巨大的差异,而且它们形成的原因也迥然不同。

厄尔尼诺——赤道中、东太平洋持续异常增暖事件

19 世纪末,科学家已经发现,有些年份秘鲁沿岸暖洋流持续的时间会特别长,在这段时间里自然灾害总是不断地发生,常年干旱少雨的地区突然暴雨不断以至洪水泛滥,常年湿润多雨的地区又久旱无雨,土地干裂庄稼枯萎,丛林大火四处蔓延等等,它们之间似乎有着某种联系。这种现象引起了科学家的注意,1891 年利马地球物理学会主席路易·卡伦扎(Luis Carranza)博士就在文章中特别强调了在派塔港(Paita)和帕卡斯马约港(Pacasmayo)之间观测到的这支从北向南的逆流。1895 年,秘鲁地理学家珀泽(F. A. Pezet)也指出,这股逆流"沿秘鲁海岸出现的同时还伴随着一些地区的降水,而这些地区在某种程度上几乎是很少有降水的。现在,我希望唤起会聚在这里的杰出的地理学家们注意这个现象,此现象无疑对世界这一部分地区的气候状况有着巨大的影响。虽然几乎在每个夏季我们到处都能看到沿岸海流影响的痕迹,但在这一年特别醒目,其影响非常明显。"

随着科学技术的发展,人们认识自然的手段不断提高,逐步有能力观测到整个赤道太平洋海水的变化,对厄尔尼诺的认识也越来越深入。科学家们发现每隔几年出现一次的暖水现象并不是只局限于南美沿岸水域,这种海水异常增温现象从南美沿岸一直发展到赤道中太平洋,持续的时间也长达数月到一年以上,它不仅对沿岸生态系统造成严重影响或破坏,扰乱了沿岸渔民的正常生活,引起当地的气候反常,而且还会给全球气候乃至社会经济带来重大影响。现在气象学家所说的"厄尔尼诺"指的就是这种在赤道中、

东太平洋隔几年才发生一次、持续时间长达半年以上的大范围的海表温度异常增暖现象。

图 1.2 是 2002 年厄尔尼诺事件的海温距平图。距平值是气象学上经常用到的量，如果我们要知道某一地区是不是发生了异常，必须把它的各种气候要素值与正常时的情况加以比较。所谓正常情况，一般是以该要素 30 年平均值来代表的。2002 年 10 月份的海温距平就是 2002 年 10 月份的海温与 30 年平均的 10 月海温相比较的差值。图中正海温距平区为海水比正常情况偏暖的区域。这次厄尔尼诺事件形成于 2002 年 5 月，到秋季已经发展成熟。海温偏高的区域从南美沿岸一直延伸到东经 170°附近，沿赤道海域温度偏高 1℃以上，位于赤道中太平洋的最强暖中心海温偏高达 2.5℃以上。

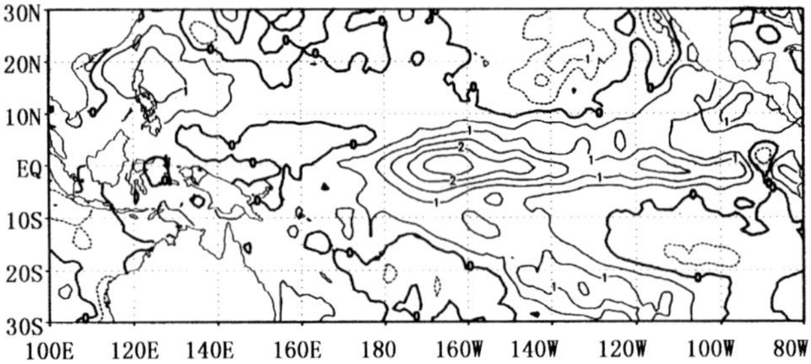

图 1.2　2002 年 10 月海表温度距平(℃)图

拉尼娜——赤道中、东太平洋持续异常偏冷事件

世间的事物总是成双成对地出现，有了暖就会有冷，有了小男孩儿还会有小女孩儿。科学家们又发现了一种相反的情况，在有些年份，赤道中、东太平洋海水也会异常变冷，有人也给这种现象起了一个相应的名字叫“拉尼娜”(La Nina)，是西班牙语“小女孩儿”之意(这一现象也曾称为 El Viejo，为西班牙语“老人”之意)。拉尼娜的情况正好与厄尔尼诺相反，它是指赤道中、东太平洋海表温度

大范围持续异常偏冷的现象，因此，也有人称之为“反厄尔尼诺”。正如顽皮的小女孩儿一样，拉尼娜的出现，同样会给我们的自然界带来不小的麻烦。由于与厄尔尼诺的性格完全相反，拉尼娜造成的影响以及气候灾害也常常完全不同。因为是“小女孩儿”，自然又比厄尔尼诺要稍微温和一点，影响不像厄尔尼诺那样强烈，所以人们对它的关注程度也稍逊于厄尔尼诺。

我们给这种异常偏冷的现象也用一张海表温度图来表示。图1.3是1998年10月发生的一次拉尼娜事件，2000年1月是它发展最为强盛的一个月。虚线是海温比正常偏低的区域，异常强的冷水区从南美沿岸一直延伸到了东经160°附近，沿赤道的大部海域温度偏低1.5℃以上。

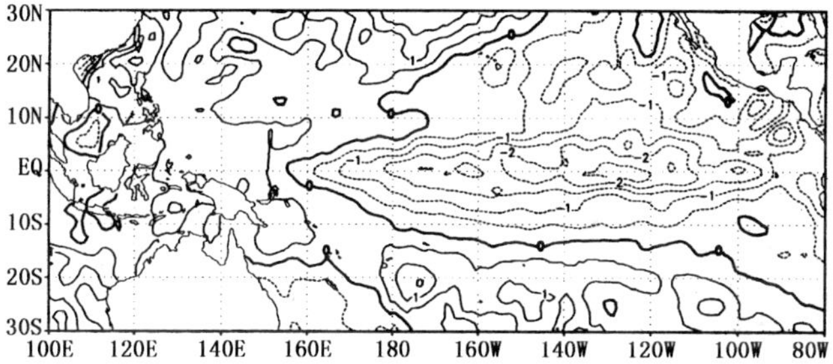

图1.3　2000年1月海表温度距平(℃)图

从局地洋流的年变化到大尺度的海气相互作用

南方涛动(Southern Oscillation)

说到厄尔尼诺还必须提及另一个重要的名词——南方涛动。在19世纪后期，已经有科学家注意到印度的干旱与澳大利亚许多地区的干旱几乎同时发生，提出两者之间可能存在着某种联系，同时还发现太平洋东西两侧气压的变化经常相反。1928 年英国数学家、印度气象局长吉尔伯特·沃克(Gilbert Walker)在研究中取得了突破性的进展,他从全球温度、气压和降水资料中发现,东南太平洋(图 1.4 中的斜线区域)和印度洋到西太平洋(图 1.4 中的网线区域)两个地区的气压之间存在着一种跷跷板式的关系,即其中一个地区的气压升高时,另一个地区的气压则会降低(图 1.5)。每当东边气压很高西边气压很低时,印度的季风雨就会很强;当两地气压差异明显减小时,印度雨量则较小甚至无雨或干旱。干旱状况不仅徘徊在澳大利亚、印度尼西亚、印度,而且还会影响到非洲的次撒哈拉沙漠地带。沃克将太平洋东西两侧海平面气压的这一反相关关系称为南方涛动。

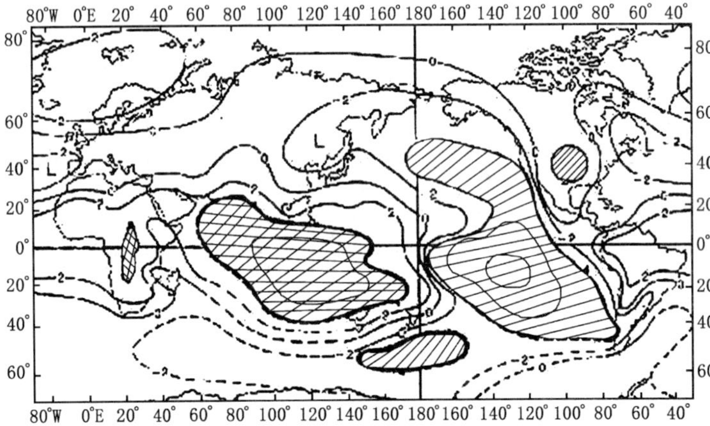

图 1.4 达尔文站海平面气压与全球海平面气压的相关性(×10)(引自 UNEP and WMO, 1994.)

(网线区域为显著的正相关区,斜线区域为显著的负相关区,两区域互为反相关关系)

根据沃克的这一理论,科学家选取塔希提站代表东南太平洋,选取达尔文站代表印度洋与西太平洋,应用数理统计的方法将两个测站的海平面气压差值进行处理后得到了一个用以衡量南方涛动

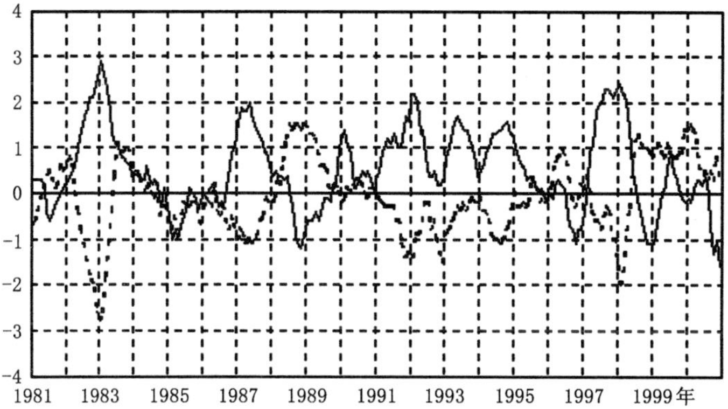

图 1.5　塔希提与达尔文海平面气压距平变化曲线
（实线为塔希提站，虚线为达尔文站）

强弱的指数，称为南方涛动指数（Southern Oscillation Index），用 SOI 来表示。这个指数有效地反映了太平洋东西两侧气压增强和减弱的演变情况。当这个指数为正值时，表明塔希提比达尔文气压偏高的程度超过了正常情况，也就是东西太平洋气压差增大；当这个指数为负值时，则表明塔希提站气压比达尔文站偏高的程度不及正常情况，即东西太平洋气压差减小。当负值极其低时，两地的气压则可能已发生了逆转，也就是达尔文站实际气压超过了塔希提站。

太平洋两侧大气的这种反相关关系与海洋表面温度的变化又有着极为密切的联系。1960 年代末，长期从事海洋、大气相互作用与气候变化关系研究的美国加州大学气象学家雅各布·皮叶克尼斯（Jacob Bjerknes）教授以他敏锐的洞察力发现了大气和海洋的相互作用对风场、降水以及天气的其它方面有着重要的影响，提出了赤道太平洋东部海面温度变化同大气环流之间存在着遥相关的理论，把南方涛动与厄尔尼诺这两个看似孤立的现象联系了起来。当赤道太平洋东部海温升高时，西部的海温往往会下降，温度升高的海水又使其上方的大气压力减小，温度下降的海水则使其上方的大气压力增加，这样赤道太平洋上空气压与正常情况相比就会东边降低西边升高，南方涛动指数值减小成为负指数；反过来，当赤道东太平洋海温下降时，西太平洋的海温则会上升，变化的海温使其上方的大气压力发生相应的变化，赤道太平洋上空的气压与正常情况相比又会东边升高西边降低，南方涛动指数值则上升为正指数。

ENSO 与 ENSO 循环

鉴于厄尔尼诺和南方涛动之间的这种密切联系，科学家干脆把它们合起来起了一个新名字叫 ENSO（音：恩索），就是厄尔尼诺（El Nino）和南方涛动（Southern Oscillation）的英文缩写。图 1.6 是 1981 年以来的赤道中、东太平洋（160°E 到南美沿岸的赤道地区）海温距平指数与南方涛动指数的演变曲线，我们可以看到，这两条曲线在正常情况下都比较靠近 0 线，而其中一条发生改变时，另一条则往往向相反的方向变化。当表示海温的曲线上升为异常正距平时，就是厄尔尼诺发生了，这时南方涛动则下降为异常的负指数，我们把这种情况称作热带太平洋大气、海洋状况已经表现为异常暖位相特征，并把厄尔尼诺事件称为 ENSO 暖事件；当代表海温的曲线下降为异常负距平时，就是拉尼娜发生了，这时南方涛动上升为异常正指数，我们把这种情况称作热带太平洋大气、海洋状况表现为异常冷位相特征，又把拉尼娜事件称为 ENSO 冷事件。

厄尔尼诺与拉尼娜虽然是两类完全相反的事件，但它们并不是一个一个地孤立存在的。它们就像一对相亲相爱又性格迥异的兄妹，既充分展示着各自完全不同的个性，又相互依赖而生存。我们常常看到一次厄尔尼诺掀起的波澜还没有平静下来，一次新的拉尼娜又可能接踵而来。即常常表现为一次厄尔尼诺还在赤道中、东太平洋轰轰烈烈地显示着它的巨大威力时，另一次拉尼娜却已经悄悄地无声息地开始孕育着了，它像一粒深深埋藏在土壤里慢慢长大的种子，不断积蓄着自己的能量，一点点地壮大，它的产生和发展正是得益于前面的厄尔尼诺爆发过程中大气和海洋调整以及由此驱动的海气相互作用和能量的重新分配。反过来也一样，拉

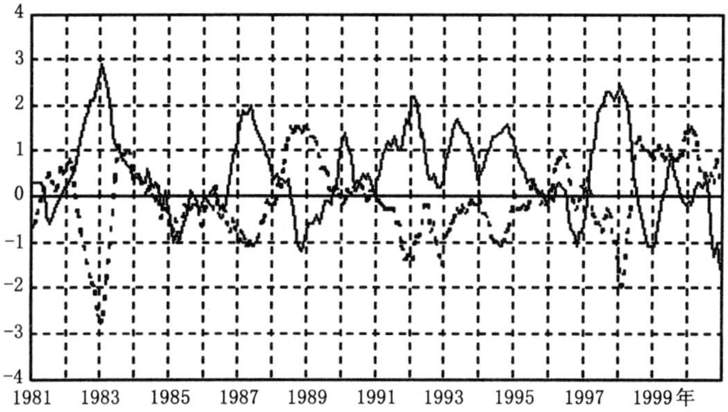

图 1.6 赤道中东太平洋海表温度距平(℃)与南方涛动指数演变曲线
(实线为海表温度距平,虚线为南方涛动指数)

尼娜的爆发也常常埋下了一颗新的厄尔尼诺事件的种子。所以我们说 ENSO 是一种循环,赤道中、东太平洋就是不断地在冷暖之间循环往复地变化着,而厄尔尼诺和拉尼娜则是 ENSO 循环变化过程中的两个极端位相。

现在我们可以看出,厄尔尼诺虽然名字起源于海洋,但它并不是一种孤立的海洋现象,它是热带海洋和大气相互作用的产物。海洋和大气构成的耦合系统内部的动力学过程决定了厄尔尼诺事件的爆发和结束,其物理过程是十分复杂的,在这方面,许多气象学家和海洋学家正在进行着更深入的研究工作。有关这方面的内容,我们将在第三章中作详细的介绍。

海洋与大气的奇妙配合

千变万幻的大气环流

地球上的大气无时无刻不在运动着,不仅有水平方向的运动，还有垂直方向的运动，大气中这种大规模的气流运动称为大气环流。大气环流的内容十分广泛，有些是大范围全球性的，有些是小范围局地性的，而局地性的环流往往又是全球性环流的一部分。大气环流的存在使得大气中的热量能够得到交换，水汽能够被输送，因此大气环流是气候形成的重要因子，它对全球各个地区的气候状况和气候变化都具有非常大的作用和影响。

我们知道，太阳辐射是地球热量最主要的来源，而地球上各个纬度受到太阳辐射的强度又十分不同，这种高低纬度之间的温度差异也使大气的压力产生明显的差异。赤道地区太阳辐射最强，空气受热膨胀变轻而向上抬升，抬升到一定高度以后便在赤道上空向南北两个方向流动，在地转偏向力的作用下，北半球的空气在流动过程中逐渐向右偏转，南半球的空气在流动过程中逐渐向左偏转，到达南北纬 30°附近时已经转为向西流动，而不再流向两极，空气在这里堆积便会产生下沉气流。在近地面，这些下沉的空气一部分继续向极地运动，形成中纬度环流圈和极地环流圈，另一部分则流回赤道，它们在流向赤道的过程中同样还会受到地转偏向力的影响而产生偏转，在赤道北侧形成东北信风，南侧形成东南信风。东北信风和东南信风在赤道地区又辐合上升，这样在赤道和南北纬 30°之间就形成了两个低纬度环流圈，气象上称为哈得来（Hadley）环流（图 1.7）。大气环流中的哈得来环流以及赤道南北两侧的偏东风与厄尔尼诺的关系最为密切。

由于地球表面的热量分布不仅受到纬度差异的影响，同时也受到海陆差异和地形起伏等因素的影响，这样就使得地球上的大气压力并不是均匀地沿纬圈分布，而是产生出许多大大小小的高、低气压区，也称为大气活动中心。大气环流又把这些活动中心联系在一起，使它们既相互影响，又相互制约，而大气环流也随之变得十分复杂。

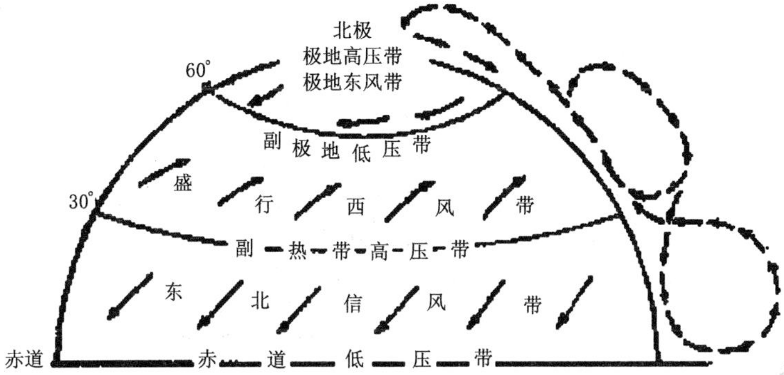

图 1.7　由于太阳辐射和地球自转产生的大气环流状况

错综复杂的海洋洋流

同大气一样，浩瀚的海洋也从来没有停止过运动，在各种因素的综合作用下，海洋也形成了各式各样的洋流。有水温高于周围海水的暖流，也有水温低于流经海域的冷流，还有水流旋转的涡旋流等等。除大洋表层环流外，还有在下层暗暗流动的潜流，垂直流动的上升流和下沉流。形色各异的海流遍布整个海洋，使海洋充满了活力。

大洋环流

在大洋中，海水沿一定的路径形成大规模的流动称为大洋环流。大洋环流形成的原因是多方面的，它可以由作用于海面的风应力引起，也可以由热盐效应造成的海水密度不均而形成，地球自转产生的地转偏向力也施加了影响。不同区域形成的各种海流在大洋中又构成了一个个环流系统。在低纬度海区，有水温高的热带环流，在中纬度海区有水温高、盐度大的温水环流系统，也叫亚热带环流，而在高纬度海区则形成了水温低的亚寒带环流。

海洋的表层洋流与大气环流的作用是分不开的。大气低层风驱动着表层海水的流动,上层海水又带动了下层海水,使大洋表层的海水常年比较稳定地沿着一定方向作大规模的流动,其主要洋流分布与风带有着密切的关系,所以也称海洋表层流为“风海流”。在太平洋,中、低纬度地区洋流形成了以副热带为中心的环流,赤道两侧有由东向西流动的北赤道流和南赤道流,我国和日本东部沿海有从南向北流动的黑潮暖流,太平洋西北部有一支向东流动的西风漂流,北美西海岸有从北向南流动的加利福尼亚冷洋流,而南美沿岸是一支自南向北流动的秘鲁冷洋流。一些洋流把低纬度海域过多的热量带到高纬度气候寒冷的地区,使那里变得温暖些,另一些来自高纬度的洋流又给低纬度的炎热地区带来几分凉爽。这些南来北往、川流不息、规模巨大的大洋环流在高、低纬度间的热能输送和交换中起着重要作用,对沿岸大陆的气候有着重要的影响。

西风漂流与埃克曼流

西风漂流是指在盛行西风作用下大规模自西向东流动的海流。如北半球中纬度的北太平洋海流和北大西洋海流。南半球西风漂流比较复杂,它包括相邻的两部分:北面是参与各大洋反时针环流的部分,即南太平洋海流、南大西洋海流和印度洋中厄加勒斯海流的延续部分;南面是极地寒冷海水的全球性海流,称为南极绕极流。

在近赤道沿岸海区有强的且与海岸平行(在大洋东岸向赤道、西岸向极地)的风配置时,大洋环流中的局地流型在埃克曼(Ekman)效应的作用下,产生离岸的埃克曼输送,称之为埃克曼流。赤道东太平洋沿岸在南、北半球信风的配置下有全球最强的埃克曼流。

厄尔尼诺——大气海洋相互作用的产物

在浩瀚的热带太平洋洋面上,赤道南北两侧盛行的东南信风和东北信风驱动着海水的流动。如果风向与海岸平行，受地球自转偏向力的影响，在北半球风使海水向右流动，在南半球风使海水向左流动。在太平洋东海岸，赤道两侧的信风都是沿海岸吹向赤道，海水则向离开海岸的方向流动，使赤道太平洋东部沿岸海水减少，表层以下的冷海水就会被迫向上抬升，以替代流走的暖海水，在这里形成巨大的涌升流，涌升流区也称为冷水上翻区。同样的原因，沿东太平洋赤道地区的海水也向赤道两侧流动，因为没有水平补偿流来替代减少的海水，沿赤道也会产生冷水上翻。由于海温随着深度的增加而降低，刚升到海面的海水温度比周围要低，这样就在赤道太平洋东部形成了一条从南美沿岸向西伸展的冷水区，海表温度只有24℃左右。东太平洋表层的暖水不断被输送到西太平洋，又使得西太平洋水位升高，热量积蓄，年平均海温常常保持在29℃左右，成为全球最大的热源。

图1.8是正常情况下的海表温度情况。从这张图上我们可以看到，赤道西太平洋为大范围的暖水区，海水温度达29℃左右，这就是西太平洋暖池。海水温度从西向东递减，到南美沿岸仅24℃左右，东太平洋赤道地区的冷水又沿赤道向西伸展。

我们再来看海表下面也就是次表层的情况。由于赤道太平洋两侧海平面高度呈西高东低的状态，在海表下面数百米的次表层海水也同样表现为西暖东冷的特征，即西太平洋的暖水层要比东太平洋厚得多，也就是在同样的深度下，西太平洋要比在东太平洋暖得多。西太平洋不但海表暖，海表下面也积蓄了巨大的热能。我们把太平洋次表层的海水从赤道的地方切开，将各个深度的海温和海温距平用等值线的形式绘制成剖面图，图1.9是厄尔尼诺形成之前赤道次表层的海温情况，我们看到赤道太平洋西侧不仅海表温度高，而且暖水层很深，水温20℃线约在180m以下，也就是温度在20℃以上的海水厚度达180m以上；而东侧20℃线的深度仅维持在50m左右。图1.10使我们看到在信风不断把海表暖水吹向西太平洋时，西太平洋表层下面的海水温度逐渐升高，与多年

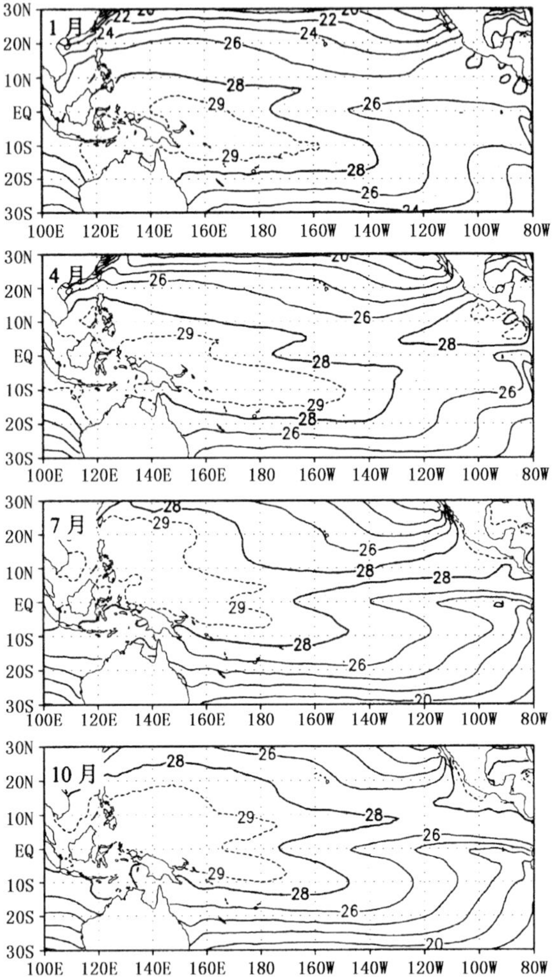

图 1.8　多年平均海表温度(C)图

平均情况相比已经形成异常暖水区。东西太平洋海平面高度和温度的这种巨大差异使它处于位势不稳定状态。

当某种原因引起信风减弱时,维持赤道太平洋海平面东低西

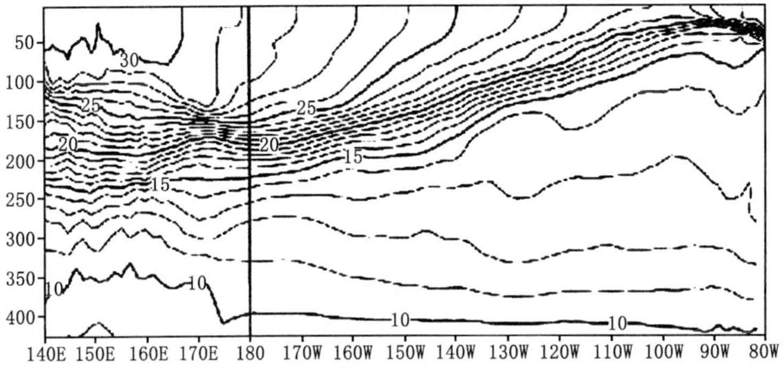

图 1.9　厄尔尼诺形成前的次表层海温(℃)
深度-经度剖面图(2001 年 12 月)
(引自美国气候公报)

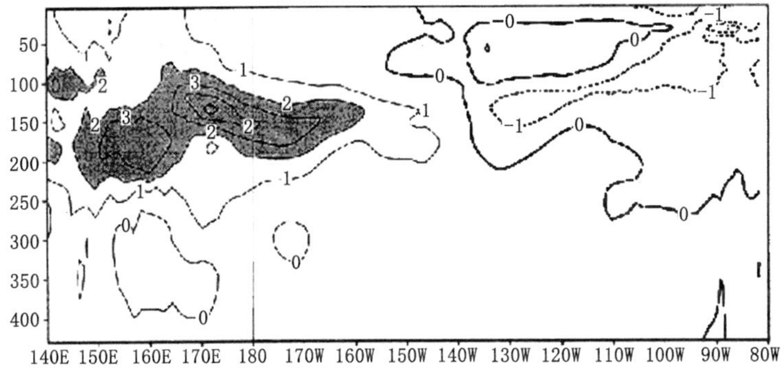

图 1.10　厄尔尼诺形成前的次表层海温距平(℃)
深度-经度剖面图(2001 年 12 月)
(引自美国气候公报)

高形势的支柱被破坏,西太平洋暖的海水就会迅速向东蔓延,使冷水与暖水的区域发生变化,图 1.10 中赤道西太平洋次表层的正海温距平区也会表现为迅速东移,原来覆盖在热带西太平洋海域的暖水层变薄,海表温度也随之下降;而东侧海平面则会逐渐升高,暖水层逐渐增厚,海表的温度也随之上升。同时,赤道东太平洋的涌升流也随信风的减弱而减弱,暖水逐步占据了赤道中、东太平洋地区从海面一直到达100m深处。东太平洋海表异常偏暖的范围会越来越大，时间也会持续很长，当赤道中、东太平洋海表温度持续6个月以上偏高0.5℃时，被称为一次厄尔尼诺事件。

横贯赤道太平洋的大气环流圈—沃克环流

在西太平洋，海洋母亲赋予了大气巨大的热量，使这里的空气温暖而潮湿，盛行上升气流，成为对流活动极为旺盛的地区，也是太平洋降水最为丰富的地区，而热带东太平洋为冷水域，冷水使其上方的空气变冷、密度增大，难以把水汽抬升到能够成云致雨的高度。因此，这一带洋面上盛行下沉气流，多晴朗少云天气。在正常年份，太平洋大气低层东部气压高，西部气压低，空气从高压区流向低压区，从东边来的空气流到西太平洋正好补偿了因上升而流失的空气。而高空的情况常常与低层相反，在太平洋上空常以偏西气流为主。这样就在赤道地区形成了一个闭合的环流圈，即西太平洋为气流上升区，到高空以后向东运行，行至东太平洋下沉到地面，然后向西太平洋流动。发现这一大气环流型式的雅各布·皮叶克尼斯为了纪念沃克的开创性工作，将此环流命名为沃克环流。沃克环流把南方涛动和赤道太平洋的海表温度联系在了一起。

当厄尔尼诺发生时，由于海洋温度分布发生巨大变化，大气也会进行相应的调整。中、东太平洋气压随着海温的上升而下降，西太平洋气压随着海温的下降而上升，热带太平洋两侧气压差变小，导致赤道东风减弱和向东撤退，沃克环流也会被削弱。同时，随着西太平洋暖水区向东移动，沃克环流的上升支和下沉支的位置也发生偏移，对流活动的中心移至中太平洋上空，中、东太平洋上升气流大大加强，降水显著增加；而西太平洋上升气流明显减弱，变成了少雨区，形成大范围干旱。当拉尼娜发生时，东太平洋海温会变得更冷，赤道西太平洋海温可能会进一步升高，东西太平洋气压差也进一步增大，沃克环流会比正常情况更强，西太平洋也会更加多雨，而东太平洋则更加少雨。

典型的厄尔尼诺/拉尼娜特征

典型的厄尔尼诺特征

1. 赤道中、东太平洋具有深厚的暖水层，海面温度一般平均偏高1.5～2.5℃，次表层水温偏高约为3～6℃；

2. 赤道中、东太平洋斜温层深度明显增加，通常可深达150～175m；

3. 在赤道太平洋东部，对流性降水明显增加；但在赤道太平洋西部、印度尼西亚和澳大利亚北部，对流性降水明显减少；

4. 赤道西太平洋大气低层出现西风；

5. 南方涛动指数表现为明显的持续负指数；

6. 沃克环流异常偏弱；

7. 赤道太平洋东部副热带地区高空气压高于正常状态；

8. 两半球副热带北部冬季平均急流位置向赤道地区和向东偏移。

典型的拉尼娜特征

1. 赤道中、东太平洋具有低于正常温度的深厚冷水层，海面温度一般平均偏低1～2℃，次表层水温偏低2～4℃；

2. 赤道中、东太平洋斜温层比正常更浅，深度仅达50～100m；

3. 在赤道太平洋东部，对流性降水受到抑制；

4. 赤道太平洋大气低层偏东信风比正常增强；

5. 南方涛动指数表现为明显的持续正指数；

6. 沃克环流异常偏强；

7. 两半球副热带北部冬季平均急流偏弱。

近50年来的厄尔尼诺现象

表1.1是1951～2000年历次厄尔尼诺事件和拉尼娜事件的爆发、结束时间及强度等特征。表中事件的起止时间是根据赤道中、东太平洋海域（5°N～5°S，160°E～90°W和0°～10°S，90°W～

80°W)的平均海表温度确定的,海温距平峰值和南方涛动指数峰值分别是整个事件期间赤道中、东太平洋海表平均温度和南方涛动指数偏离正常的最大值,事件强度是根据整个事件期间赤道中、东太平洋海域的平均温度距平的总和来确定的,反映了事件的异常程度和持续时间的综合特征。

从表中我们可以看出,1951 年到 2000 年共发生了 15 次厄尔尼诺事件,11 次拉尼娜事件。这些事件虽然有一定的规律性,但并没有固定的周期,一般来说厄尔尼诺 2～7 年发生一次,并常与拉尼娜交替着发生。

表 1.1　1951～2002 年 ENSO 事件表

事件起止年月	事件类型	赤道中、东太平洋海温距平峰值(℃)	南方涛动指数峰值	事件强度
1951.6～1952.1	暖	1.0	−1.4	弱
1953.4～1953.11	暖	0.9	−2.2	极弱
1954.4～1956.4	冷	−1.7	1.8	极强
1956.7～1956.12	冷	−0.7	1.9	极弱
1957.4～1958.7	暖	1.4	−2.3	强
1963.7～1964.1	暖	0.8	−1.6	弱
1964.3～1965.1	冷	−1.1	1.4	中等
1965.5～1966.3	暖	1.3	−2.2	中等
1967.8～1968.5	冷	−0.7	1.1	弱
1968.10～1970.1	暖	1.1	−2.0	中等
1970.6～1971.12	冷	−1.4	2.1	强
1972.4～1973.2	暖	1.9	−2.1	强
1973.6～1974.5	冷	−1.4	2.9	中等
1974.9～1976.3	冷	−1.5	2.4	强
1976.7～1977.1	暖	0.9	−1.4	弱
1979.9～1980.2	暖	0.9	−1.0	极弱
1982.5～1983.9	暖	2.5	−4.6	极强
1984.10～1985.10	冷	−0.9	1.0	中等
1986.9～1988.1	暖	1.6	−2.0	极强
1988.4～1989.5	冷	−1.6	2.1	强
1991.5～1992.7	暖	1.4	−3.4	强
1993.3～1993.11	暖	1.1	−1.6	弱
1994.9～1995.2	暖	1.2	−1.8	弱
1995.9～1996.4	冷	−0.5	1.0	极弱
1997.4～1998.5	暖	2.8	−3.5	极强
1998.10～2000.3	冷	−1.3	2.0	强

厄尔尼诺和拉尼娜的发生还有很明显的阶段性，一段时间厄尔尼诺比较频繁，强度也比较大，一段时间拉尼娜又相对更占优势。1980 年代以来，厄尔尼诺事件发生非常频繁，强度也比过去明显增大。这期间不仅发生了 1997/98、1982/83 年两次 20 世纪最强的厄尔尼诺事件，而且在 1991～1995 年期间还连续发生了 3 次强度不等的厄尔尼诺事件，由于在此长达 5 年多的时间里，赤道中太平洋持续偏暖，南方涛动指数 5 个月滑动平均值也一直呈负值，因此有人也称它为一次长厄尔尼诺事件，这样长的厄尔尼诺事件在历史上也是极为罕见的。另外，1970 年代上半叶拉尼娜事件十分频繁而且强度大，此后明显减少，1976 到 2000 年的 25 年间，包括强度最弱的 1995/96 年冷事件总共才发生了 4 次，而厄尔尼诺事件却发生了 8 次。

从 ENSO 事件的形成过程以及冷暖循环特点来看，冷位相与暖位相应该是交替着发生，但是为什么表中有些同样类型的事件会连续发生呢？实际上在每次 ENSO 事件衰亡以后都会有一个向相反位相转换的过程，只是有的强一些有的弱一些。而要构成一次事件，仅仅是暖位相或冷位相还是不够的，必须要求海温距平值达到一定的标准，达不到事件标准的弱转换也就不会在上面表中反映出来了。表中 1950 年代和 1970 年代都有两次连续的冷事件，两次冷事件之间相隔时间很短，这也是一次中间出现明显减弱的长事件，根据事件的定义标准而被分割为两次事件。关于厄尔尼诺和拉尼娜事件监测区域和确定标准，我们将在后面的章节中讲到。

从总体情况来看，拉尼娜事件的持续时间往往比厄尔尼诺事件长一些，一般都持续 1 年左右，最长的可维持 2 年以上，厄尔尼诺事件最长的还不到 1 年半。但从海温异常的程度上看，厄尔尼诺事件的强度常常要比拉尼娜事件大得多，最强的 1997/98 年和 1982/83 年两次厄尔尼诺事件期间赤道中、东太平洋大范围海域平均的海温距平峰值分别达到了 2.5℃和 2.8℃，而最强的拉尼娜事件峰值仅达－1.7℃。一般来说海水温度变化强度大的事件南方涛动变化强度也相应大一些，说明大气与海洋在大多数情况下相互作用相互调整变化是比较一致的。

为了更清楚地了解两类事件期间海温的演变特点，我们把中等强度以上的厄尔尼诺事件和拉尼娜事件的海温距平绘制成图1.11。从图中的曲线可以看出，无论是暖事件还是冷事件，每个事件都有其各自的特点，它们之中没有哪两个事件的演变过程是完全一样的。但不管有多少差异，这些事件的变化过程仍有一定的规律可循。它们大多数都开始于春到秋季，然后逐渐增强，一般在12

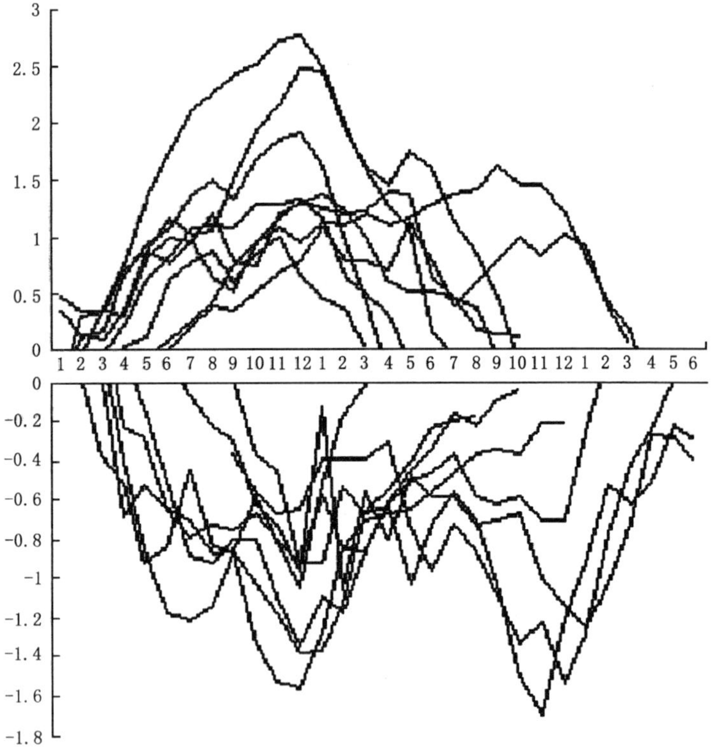

图1.11　赤道中、东太平洋海温距平(C)演变曲线
(上图为厄尔尼诺事件，下图为拉尼娜事件)

表 1.2 1877～1951 年的 ENSO 事件

起止年份	事件类型	强 度
1877～1878	暖	强
1886	冷	中等
1888～1889	暖	中等
1889～1890	冷	强
1896～1897	暖	强
1899	暖	弱
1902～1903	暖	弱
1903～1904	冷	强
1905～1906	暖	强
1906～1908	冷	强
1909～1910	冷	强
1911～1912	暖	强
1913～1914	暖	中等
1916～1918	冷	强
1918～1919	暖	强
1923	暖	中等
1924～1925	冷	中等
1925～1926	暖	强
1928～1929	冷	弱
1932	暖	中等
1938～1939	冷	强
1939～1941	暖	强
1946～1947	暖	中等
1949～1951	冷	强

月前后达到最强，之后明显减弱，很快衰亡。也有一些事件减弱后并没有迅速衰亡，而是继续维持较弱的暖事件或冷事件特征，直到秋季开始后又再次加强，到 12 月前后到达第二个峰值后减弱结束，这样的事件拉尼娜多一些。当然也有少数事件并不遵循上述规律。

一些科学家还采取以代用资料来重建历史时期海温变化的方法追溯了更加久远的事件，表 1.2 是美国国家环境预测中心确定的 1877 年到 1951 年的厄尔尼诺和拉尼娜事件。

典型的厄尔尼诺和拉尼娜过程举例

1982/83 年的厄尔尼诺事件

1982/83 年的厄尔尼诺事件是在出乎人们意料的情况下发生的。一方面这次事件的前期特征与过去的事件有所不同，另一方面，因为 1982 年 3 月墨西哥厄尔·奇冲(El. Chichon)火山爆发的火山灰影响了卫星观测的结果，乃至厄尔尼诺已经爆发了，科学家们还在讨论当年会不会有厄尔尼诺发生。

在此之前所观测到的厄尔尼诺事件发展过程中海表增温一般

都是从东太平洋南美沿岸开始，但这次事件却从中太平洋开始。1982 年 5 月，维持在赤道中太平洋的海温正距平区迅速向东扩展，使 160°E 以东的赤道太平洋大部为 0.5℃以上的暖水控制，厄尔尼诺形成。随后，赤道中、东太平洋海温正距平一度明显减弱，与此同时南美沿岸开始增暖，增暖的海水又迅速向西推进，使这次厄尔尼诺得以迅猛发展，年底达到最强。12 月，赤道中、东太平洋的大部海域海表温度距平已达 2℃以上(图 1.12)。

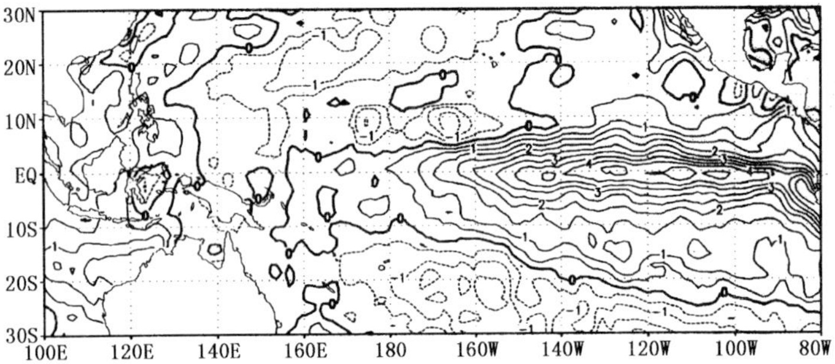

图 1.12　1982 年 12 月海表温度距平(℃)图

然而大洋表面又是如何变暖的呢？实际上这也是大气和海洋长期酝酿的结果。早在 1981 年，异常强的赤道偏东风就已不断将东太平洋表层暖海水吹向西太平洋，致使西太平洋海平面升高，斜温层深度加深，暖水在这里大量积聚，为厄尔尼诺的爆发作好了准备。有趣的是，1982 年初，西太平洋东风突然减弱，由此导致西太平洋表层暖水流向东太平洋，异常倾斜的海面迅速发生改变，斜温层在西太平洋深度变浅，在东太平洋加深。随着时间的推移，海洋对大气响应而发生的变化表现为暖水从西向东移动(图 1.13)，图中可见次表层的暖水厚度逐渐由西向东增加，并从海洋深处直达表层，所以这次暖事件海表增暖是首先从中太平洋开始的。当次表层暖水到达南美沿岸后，向表层抬升，并向西传播，使赤道太平洋海表再次从东海岸逐渐向西增暖，暖事件进一步增强。

大气和海洋是相互作用的耦合体，在海洋发生剧烈变化的同

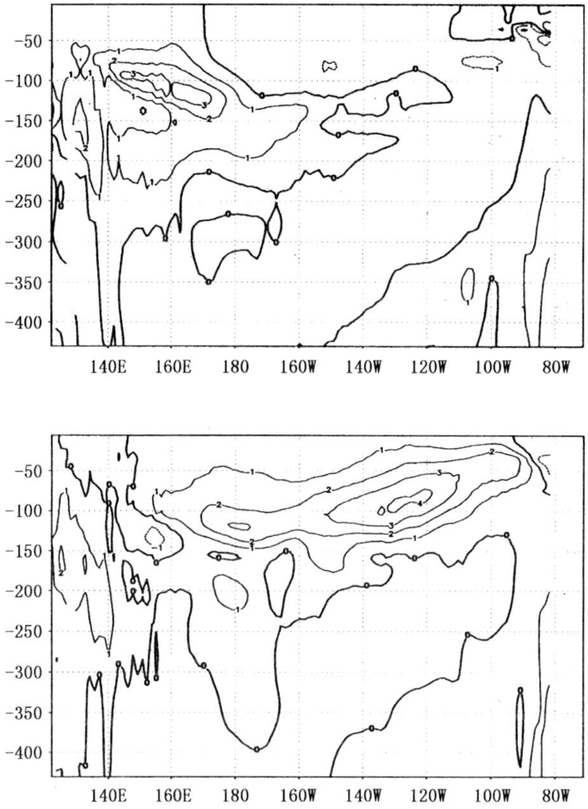

图 1.13　赤道太平洋次表层海温距平(C)深度-经度剖面图

上图 1982.1　　下图 1982.5

时,大气状况也发生着相应的变化(图 1.14),而大气的改变又会影响海洋。在厄尔尼诺发展期间,印度洋东部到印度尼西亚一带海温一直维持负距平,赤道中、东太平洋维持海温正距平,使得印度洋低压升高,南太平洋高压降低,南方涛动指数迅速下降,从 1982 年 8 月到第二年 3 月连续 6 个月低于－2.0,并在 1 月和 2 月分别达－4.2 和－4.6,大大超过了 1997/98 年厄尔尼诺事件的南方涛动指数最低值－3.5，也是有资料以来的一百多年间从未有过的低值。南方涛动表现为异常低指数表明南太平洋高压与印度洋低压之间的气压差变小，使得信风大大减弱甚至发生逆转，也就是东风减弱甚至转为偏西风，这时的大气、海洋状况表现为非常强而且稳定的 ENSO 暖位相特征。

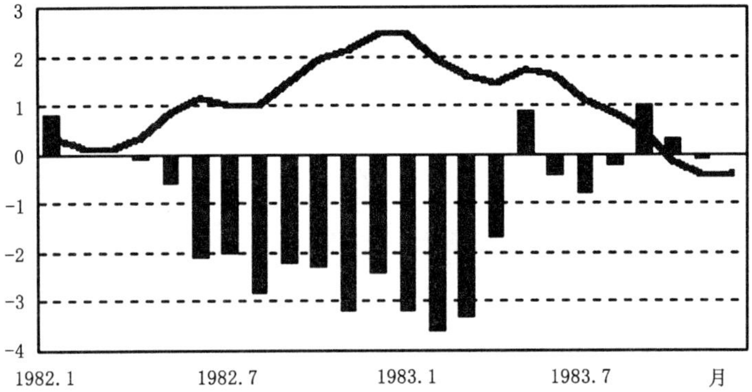

图 1.14　1982/83 年赤道中、东太平洋海温距平(℃)
和南方涛动指数演变
(曲线为海温距平，直柱为南方涛动指数)

热带地区的对流活动也表现为典型的非常显著的暖位相特征。180°以西正常情况下的强对流消失了，对流中心移到日界线附近，并且迅速向东扩展，在冬季达到最强。由于对流活动的上升支和下沉支位置发生偏移，印度尼西亚、澳大利亚上空对流减弱，赤道中太平洋和东太平洋对流增强，多雨区从西太平洋移到中、东太平洋。

在赤道中、东太平洋增暖异常强烈、厄尔尼诺发展旺盛的时候，促成消亡的的因素也正在形成。厄尔尼诺事件爆发初期，海洋次表层海温形势是赤道中、东太平洋为暖水，赤道西太平洋已开始有冷水区形成，并随着其前部暖水区的东移和发展逐渐增强。1983 年 3 月，冷水的中心到达日界线附近，并向东推进和向大洋表层抬升,太平洋东部的暖水向东收缩。海平面气压距平西低东高的状况也发生急剧的变化,南方涛动3月还是−3.6的异常低指数,5月已突升至+0.5,导致风场迅速转换。6月,印度洋到太平洋的东风突然增强和向东推进,整个赤道中、东太平洋迅速被比正常偏强的东风所控制,位于赤道中太平洋的次表层冷水抬升至海表,海表突然出现海温负距平,冷中心达−1.0℃以下,在它的作用下,东太平洋本来很强的暖水受到抑制,厄尔尼诺事件迅速减弱消失。

1997/98年厄尔尼诺事件

1997/98年厄尔尼诺事件与1982/83年的事件都具有强度非常大的特点,发生、发展及结束过程也有很多雷同之处,但1997/98年的事件来势更加凶猛,强度更大,结束也更为突然。1997年初时,赤道东太平洋海水还处于异常偏冷状态,而4月厄尔尼诺就爆发了,海温距平指数从1月开始连续12个月一直持续上升,这在1951年以来的其它ENSO过程中还未曾有过。到1997年12月,赤道中、东太平洋海域平均海表温度距平达到了2.8℃的极高值。虽然这次事件持续时间只有13个月,比1982/83年要短,但其海温异常的程度却超过了1982/83年,成为一个多世纪以来海温距平指数峰值最高、强度最大的一次厄尔尼诺事件(图1.15)。

在这次厄尔尼诺事件爆发之前,1995年9月~1996年4月发生了一次非常弱的拉尼娜事件。这次拉尼娜事件结束以后,赤道东太平洋海温一直没有回升,年底又再次下降,南方涛动指数也连续维持正值,到了1997年2月南方涛动又出现+1.6的异常高指数。从表面上看,海洋和大气都还没有出现厄尔尼诺即将爆发的征兆。然而,在这平静的表面背后,一次不寻常的事件正在紧锣密鼓地筹划着。虽然“圣婴”的行动十分隐秘,但仍没有逃过气象工作者的眼睛。他们发现,赤道印度洋上空大气季节内振荡异常活跃,振荡周期逐渐加长,振荡幅度不断加大。随着赤道印度洋上空季节内振荡的东传,将有利于赤道西太平洋低层东风的减弱。而且随着东

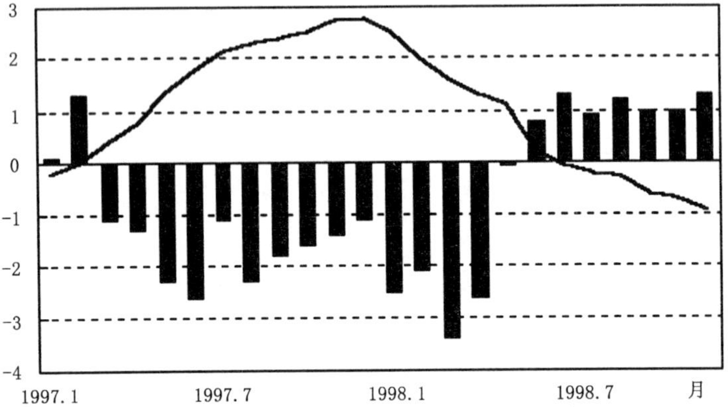

图 1.15　1997/98 年赤道中、东太平洋海表温度距平(℃)和南方涛动指数演变曲线

(曲线为海温距平,直柱为南方涛动指数)

风的减弱,积蓄在西太平洋次表层的暖水区已经开始一股股向东移动。这些蛛丝马迹引起了气象工作者的注意,在作出确切的分析诊断后,他们及时向有关部门发布了厄尔尼诺即将爆发的消息,后来的发展证明了这次预报的成功。

为了使读者有更多的了解,以下就这次过程特征作一简述。

1997 年春季,赤道西太平洋大气低层已由正常情况下的东风控制转为西风控制,并使中、东太平洋东风异常减弱,赤道太平洋东部异常暖水迅速出现并发展。1997 年 3 月之后,热带太平洋西侧气压异常偏高,东侧逐渐减弱,南方涛动指数迅速从 2 月的＋1.6 下降到－1.1,到 1998 年 4 月达到本次事件的最低值－3.4,这是一百多年来仅次于 1982/83 年的异常低值。

这次厄尔尼诺爆发以后,很快就进入了盛期。受海洋和大气状况影响,热带太平洋的对流活动也十分异常。西太平洋对流活动明显被削弱,中、东太平洋对流活动明显增强,沃克环流的上升支从西太平洋东移到日界线附近(图 1.16,见彩插),对流受到抑制的印度尼西亚、澳大利亚等国家发生大范围干旱。

1998 年 5 月，SOI 急剧下降，迅速转为正指数值，赤道中太平洋海表突然出现异常强的冷水，随着厄尔尼诺的迅速结束，赤道中、东太平洋异常加强的对流活动也迅速消失。

我们再来看一看大气和海洋是如何相互作用的。

1997/98 年厄尔尼诺发生前赤道太平洋信风非常强盛，热带西太平洋近表层暖水十分集中，海平面高度异常偏高。而热带东太平洋近表层热含量异常偏低、海平面高度也异常偏低，海表异常偏冷，这种差异使得热带太平洋东、西两侧动力和热力条件差异非常大，一旦受到外界的某种强迫就极易引发海洋上层的热量再分布。

受到 1996 年底之后不断加强和东移的西风异常的影响，热带西太平洋海平面高度异常偏高的状况在 1997 年初发生变化，表现为赤道西太平洋海平面高度开始降低，同时正的高度距平沿赤道向东传播（图 1.17，见彩插），热带西太平洋出现明显的位能释放过程，这使得暖水向东太平洋输送，海温正距平中心向东移动。1997 年 2 月和 5 月有两股暖水先后到达太平洋东侧，使得南美沿岸和赤道东太平洋地区海面温度急剧上升，3 月南美沿岸海面温度比正常高出 1℃以上，5 月赤道东太平洋海面温度大范围异常偏高 1～3℃，很快进入盛期，12 月达到最强。

进入盛期以后，热带西太平洋斜温层深度明显变浅，海表下面 100～150m 处海温异常偏低，距平中心值超过 −5℃，而热带东太平洋斜温层深度异常偏深，在 100m 深处海温距平值超过 11℃。随后，西太平洋上空逐渐出现东风加强过程。1997/98 年冬季以后，西太平洋异常冷中心区开始向东太平洋移动，受其影响，东太平洋暖水明显减弱和向东收缩，但强度仍然较大。冷水在东移过程中在暖水较薄弱的赤道中、东太平洋中部上浮（图 1.18），使得该区域突然出现异常冷中心。1998 年春末夏初，赤道中、东太平洋大范围的异常增暖事件便告结束。

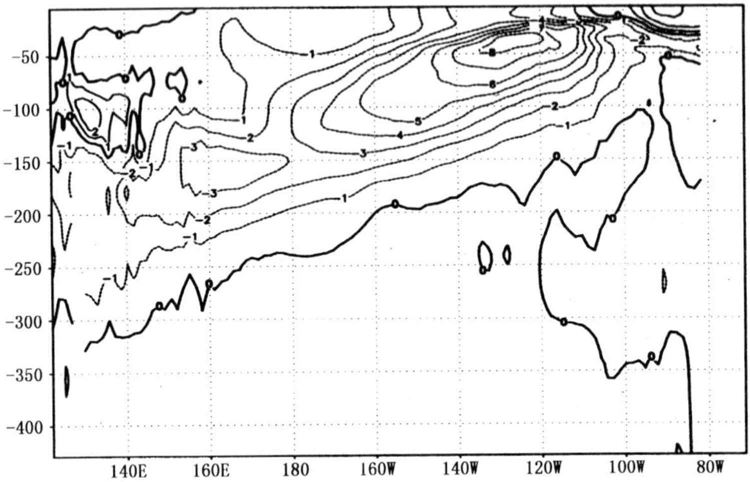

图 1.18　1998 年 6 月赤道太平洋次表层海温距平(℃)深度-经度剖面图

1991～1995 年长厄尔尼诺

1991～1995 年期间的厄尔尼诺与前面谈的两次厄尔尼诺又非常不同。从 1990 年开始赤道中太平洋海温一直持续偏高长达 5 年之久,南方涛动指数也基本连续 5 年呈正指数,这在历史上极为罕见。在此期间,连续发生了 1991 年 5 月～1992 年 7 月,1993 年 3 月～11 月,1994 年 9 月～1995 年 2 月三次厄尔尼诺事件,这三次事件既各自独立又密切相连,所以也有人把它称为一次长 ENSO。其中 1991/92 年的事件最强,历时也最长。

从这次长厄尔尼诺发生之前的 1990 年初开始,赤道中太平洋海温就已维持异常偏高状态,直到 1991 年 5 月,异常暖水区才向东扩展到达南美西海岸,首次暖事件爆发。1992 年 7 月,暖水区迅速向西回退,赤道东太平洋完全恢复正常,第一次暖事件结束,而日界线附近的中太平洋暖水虽然也有所减弱但始终维持异常正距平。1993 年 3 月,赤道东太平洋海温突然升高,大于 0.5℃的正海温距平在1个月内迅速覆盖了整个赤道中、东太平洋。7月份，横贯赤道中、东太平洋的异常海温正距平在150°W以东突然消失，异常暖水再次回退到中太平洋，并在该海域继续维持到1994年1月。在这次过程结束后，整个赤道中、东太平洋暂时转入相对偏冷的阶段，南美沿岸甚至有数月冷水发展。1994年春末夏初，日界线附近暖水再度加强和东扩，直达南美沿岸，而暖中心仍维持在中太平洋，正距平超过1.5℃，1995年初，赤道中、东太平洋正海温距平大幅度下降。随着东太平洋海温恢复正常，第三次暖事件结束，但中太平洋海温衰减明显滞后。从上面我们可以看出，这次事件中暖水区一直稳定在赤道中太平洋，三次厄尔尼诺事件只是中太平洋异常暖水三次向东发展加强的振荡过程(图1.19(b))。

在三次暖事件期间，大气也表现为异常明显的暖位相特征，南方涛动连续呈异常负指数，明显反映出三次振荡过程。特别是在第一次暖事件期间，SOI两次低于-3.0，这是50年中少见的低指数。大气与海洋配合默契，使暖事件得到充分发展，正是本次ENSO暖位相达到比较强并长期维持的重要原因。

在三次事件期间，除第二和第三次事件之间出现明显的东风异常增强外，赤道中太平洋东风一直比正常偏弱，而且在三次事件爆发之前，太平洋赤道东风都出现异常减弱过程，中心由中太平洋向东传播，导致事件形成。在三次事件结束之前，赤道东风又都出现明显增强，导致事件结束，东风减弱的程度与事件的强度也比较一致(图1.19(a))。

三次事件期间对流活动中心始终稳定在中太平洋，并三次向东急速扩展(图1.19(c))，使东太平洋对流得到加强，而正常情况下对流活动旺盛的西太平洋对流则受到抑制。

1998/2000年拉尼娜事件

1998/2000年的冷事件爆发于1998年10月，直到2000年4月赤道中、东太平洋海面温度才基本恢复正常，历经18个月，是一

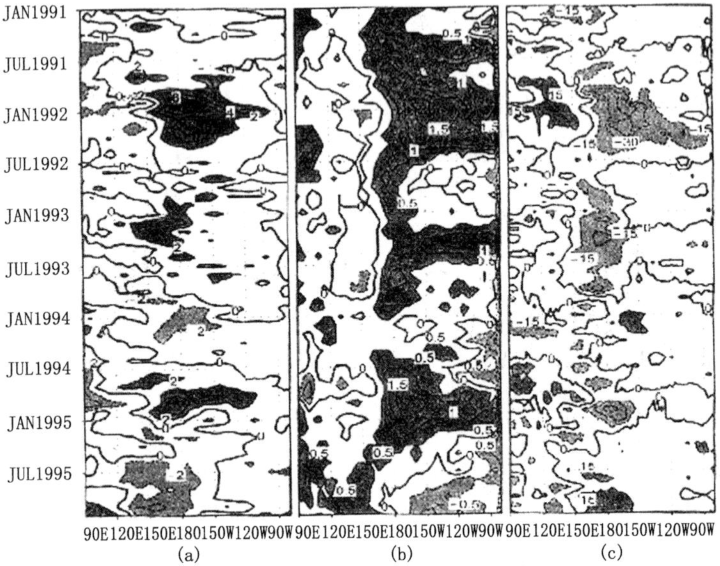

图 1.19　1991～1995 年赤道太平洋 850hPa 纬向风距平、海温距平、OLR 距平演变图

(a)赤道太平洋低层纬向风距平，正值为东风比正常减弱，负值为赤道东风比正常增强；(b)赤道太平洋海表温度距平，正值为海温比正常偏高，负值为海温比正常偏低；(c)射出长波辐射，正值表明对流活动比正常减弱，负值区表明对流活动比正常加强

次比较长的冷事件。这次事件是在 1997/98 年强暖事件迅速结束、海温急剧下降的背景下形成的。如同 1997/98 的暖事件一样，这次事件爆发过程也十分迅速，从暖事件结束到冷事件形成仅经过了 4 个月的时间。

前面提到 1997/98 年暖事件结束时，赤道中太平洋洋面突然出现大范围异常强的海温负距平区，中心强度偏低 3℃以上，它的出现为拉尼娜的登场拉开了序幕。异常冷水不断向东扩展，并沿赤道插入位于赤道中、东太平洋的异常暖水区，将暖水从赤道向两侧分开。8 月,南美沿岸也有小范围弱冷水生成并向西伸展。10 月,赤道中、东太平洋完全为异常冷水覆盖(图 1.20)。

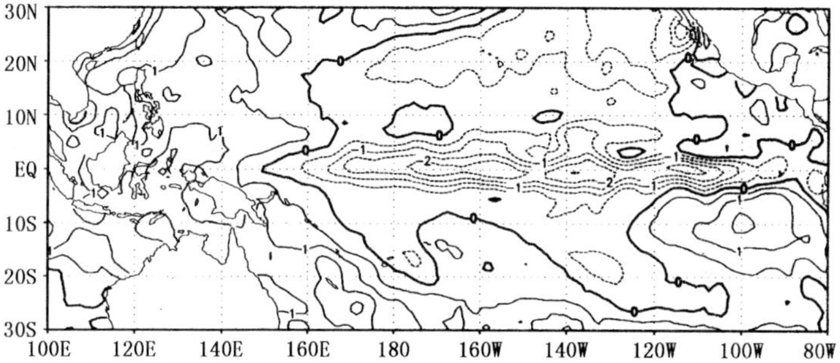

图 1.20 1998 年 10 月海表温度距平(°C)图

赤道中太平洋海表的冷水区又是如何形成的呢? 在 1997/98 年暖事件发展过程中,海洋受动力学过程的调整,赤道太平洋西部海平面高度降低,次表层形成大范围的海温负距平区。随着低层风场和海平面高度的变化,负距平区迅速增强和东移(图 1.21)。由于东太平洋暖水势力仍很强,迫使冷水在中、东太平洋中部抬升至海表面,并继续向东移动。

海洋的这种变化应该看成是大气风场鼎力相助的结果。强暖事件结束前夕,赤道西太平洋海平面气压急剧下降,而中、东太平洋则较常年偏高,致使太平洋东西两侧气压差加大,信风进一步增强。南方涛动指数从 3 月的 −3.5 迅速升到 7 月的 +1.3,气压场的转变为海洋迅速变冷提供了有利的条件。对流层低层风场也在 5 月份发生逆转,4 月前一直维持在赤道西太平洋低空的强东风缓慢向东扩展,导致前期海平面东面升高西面降低的不稳定状态的崩溃,进而使得海水温度发生巨大变化,2000 年 1 月海表温度距平达到本次事件的最低值。

在冷事件期间,赤道地区对流活动中心一直稳定于常年对流活动活跃的印度尼西亚上空,并且比常年显著增强。

在冷事件爆发的 1998 年 10 月,西太平洋次表层已有弱的暖

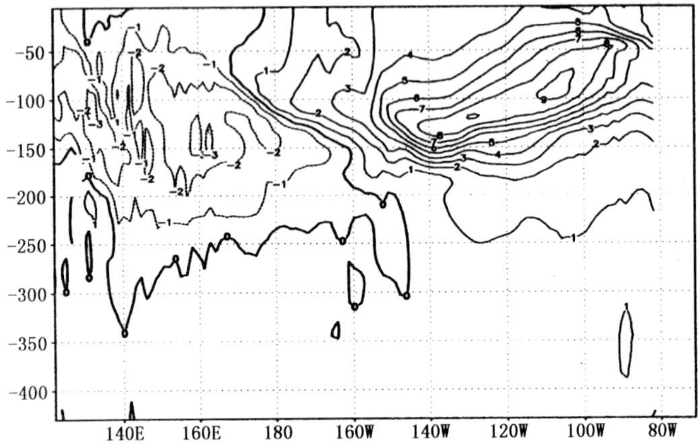

图 1.21　1997 年 10 月赤道太平洋次表层海温距平(℃)
深度-经度剖面图

水形成,在冷事件发展加强的过程中,正海温距平也在加强和缓慢东传,海洋条件逐渐转为不利于冷事件继续发展。2000 年初,东太平洋海表赤道以南的暖水向北扩展,4 月 2℃以上的正海温距平迅速占据了赤道东太平洋的大部地区,南美沿岸的冷水也趋于减弱。随着暖水东传,中太平洋海水温度逐步下降。

这次事件结束过程中,东太平洋海温变化比较快,3 月份已转为正常,中太平洋直到 6 月才基本恢复正常,南方涛动 5 月恢复正常。而风场变化极为缓慢,持续时间更长。在这次事件结束以后,赤道中、东太平洋又维持了数月冷位相特征。

第二章

厄尔尼诺的影响

厄尔尼诺与全球气象灾害

大气的运动影响着海洋表层水体的流动，热带海洋又是大气能量的宝库。厄尔尼诺期间赤道中、东太平洋海温常常偏高1～3℃，甚至更高。这里的大气吸收了海洋的热量和水汽，变得活跃起来，空气又湿又暖向上抬升，升到一定高度，水汽凝结致雨，直接导致这一带降水增多，南美沿岸国家也因此而异常多雨，甚至引发洪涝等灾害。而对流区的东移又使得西太平洋地区降水大大减少，印度尼西亚、澳大利亚东部及周边国家出现干旱（图2.1，见彩插）。这些国家的洪涝、干旱等灾害与厄尔尼诺的形成几乎是同步的。

大气总是以它特有的规律不停地运动着，如果哪个地区发生了异常，大气环流就会把这种信息由近及远地传播开去，不仅使其周围的地区受到影响，而且还会波及到非常遥远的地区。异常的程度越大，范围越广，影响的地区也就越大。厄尔尼诺正是通过大气环流的作用，把热带地区大气、海洋发生的这种异常信号传给了热带的其它地区和中、高纬度地区，甚至给全球气候带来影响。如图 2.2(见彩插)所示，除热带太平洋地区，厄尔尼诺还与世界上很多地区的气候都存在着遥相关关系。它常常造成非洲东南部和巴西东北部的干旱、加拿大西部和美国北部暖冬以及美国南部的冬季潮湿多雨等；也与我国和日本的降水、我国东北和日本的夏季低温等具有一定的相关性。当然，厄尔尼诺带来的也不全是灾难，它还会使西北太平洋和北大西洋热带风暴有所减少，使一些常年不见雨水的地方喜得甘霖，甚至沙漠地区的植被得以繁衍。

拉尼娜对气候的影响与厄尔尼诺大致相反(图 2.3，见彩插)，影响程度也不如厄尔尼诺强。拉尼娜发生时，南美沿岸降水更加稀少，印度尼西亚、澳大利亚东部更加多雨；赤道太平洋中、东部、阿根廷、赤道非洲、美国东南部等地常常发生干旱；巴西东北部、印度及非洲南部等地容易出现洪涝。

鉴于厄尔尼诺和拉尼娜对全球气候产生的巨大影响，它已经成为迄今为止我们所认识的全球气候系统中最强的气候年际变化信号，受到广泛的关注和重视，我国也把它们作为了短期气候预测的一项重要依据。但我们还应该特别注意的是，气候形成的原因是多方面的、错综复杂的，它常常是各种气候因子综合作用的结果。虽然很多地区的气候与厄尔尼诺和拉尼娜的发生存在着某种遥相关响应，但它们的这种关系往往又受到其它因子的制约。在热带地区，尤其是热带太平洋地区，厄尔尼诺、拉尼娜对气候的影响最为强烈，大多数事件期间这些地区反映出的气候特征也比较一致；而在热带以外的地区，它们对气候的影响就要复杂得多，具有很大的不确定性。因此，我们还不能断言厄尔尼诺或拉尼娜发生时某个地区的气候一定会发生某种特定的异常。

从近年的研究成果看，厄尔尼诺对气候的主要影响表现在如下几个方面：

南美的暴雨和巴西东北部及中美洲的干旱

南美太平洋沿岸地区虽然濒临大海，但由于长年受秘鲁冷洋流以及赤道地区涌升流的影响，冷海面造成的空气下沉使得该地区上空对流活动难以发展，全年降水量仅500mm左右，有的地区还不足50mm甚至长年无雨。长期的干旱气候使厄瓜多尔南部到智利中部沿岸的狭长地带形成了宽约数十公里的滨海沙漠，这里不仅是世界上最干燥的地区，也是世界上延伸纬度最低的沙漠。在厄尔尼诺发生的年份，这些地区的生态系统及人类活动都首当其冲地受到影响，即使强度比较弱的厄尔尼诺也不例外。在厄尔尼诺年，赤道东太平洋为异常暖水所控制，沿岸海域温度变化往往最为剧烈，如1982/83年厄瓜多尔及秘鲁北部附近海域温度持续12个月比正常偏高2℃以上，最高时偏高5℃以上，1997/98年的厄尔尼诺事件期间这一海域连续13个月比正常偏高3℃以上，最高时偏高4℃以上。异常偏暖的海水向空气中释放出巨大的热量，引发异常强烈的对流活动，使这里一反常态地多雨，甚至形成洪涝。厄尔尼诺年南美的多雨区不仅在沿海的厄瓜多尔、秘鲁、智利等国，而且巴西南部、巴拉圭、乌拉圭等国以及阿根廷北部降水也显著偏多，并常引发严重洪水。如1983年南美西海岸的秘鲁、厄瓜多尔、智利及阿根廷北部滂沱大雨引发的洪水造成数百人丧生；1987年前期，秘鲁、玻利维亚降雨比常年多数倍乃至数十倍，智利7、8月连降瓢泼大雨，洪水、泥石流成灾；1997年智利北部、厄瓜多尔沿海、巴西南部、阿根廷东北部及巴拉圭更是暴雨倾盆，洪水不断。

南美另一个显著受影响的地区是巴西东北部，与上述国家和地区相反，这里在厄尔尼诺年常形成干旱，1972/73、1982/83、1986/87、1997/98等年的厄尔尼诺期间都发生了严重的干旱，可可、咖啡等作物受到影响。另外，中美洲在厄尔尼诺年的夏季也会发生严重干旱。

印度尼西亚等国和澳大利亚东部的干旱

位于亚洲东南部的“千岛之国”印度尼西亚将其一万三千多个大大小小的岛屿镶嵌在热带印度洋和西太平洋之间的全球最大的暖水池中，年平均气温在25～27℃之间，平均年降水量达2000mm以上。温暖湿润的热带雨林气候养育着茂密的热带丛林，其陆地面积的67%为森林所覆盖，出产多种名贵木材和各种热带经济作物。厄尔尼诺期间，由于西太平洋海表温度下降，对流活跃区东移，印度尼西亚降水显著偏少，常常发生大范围的干旱。与印度尼西亚毗邻的菲律宾、澳大利亚也常常出现干旱，干旱的气候还会延伸到中南半岛等地区。另外厄尔尼诺年印度季风也常常偏弱，使得印度南部降水减少(图2.4)。

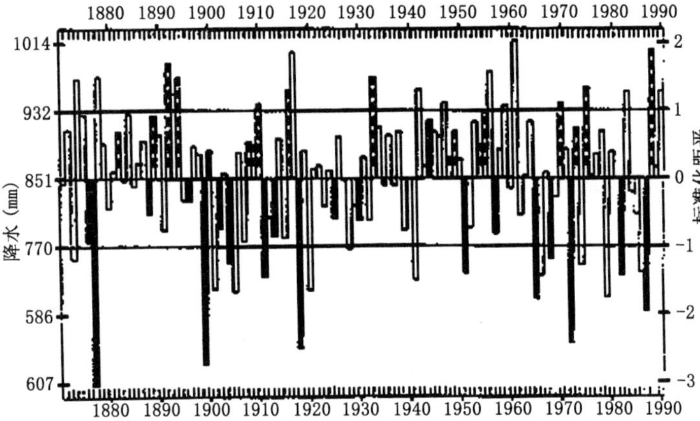

图2.4 印度降水量距平(引自《CLIVAR计划》,1993)
多数厄尔尼诺年(黑色直柱)降水量偏少，拉尼娜年(断影直柱)降水量偏多

上述地区与厄尔尼诺的关系在许多厄尔尼诺年都有比较明显的反映。1972年，印度尼西亚严重干旱使农作物受到严重影响；澳大利亚东南部也接近历史上最干年份。1982/83年，干旱袭击了东南亚的大部分地区。印度尼西亚出现1933年以来最重干旱；澳大利

亚的干旱从1982年4月一直持续到1983年前期，东南部旱情为1860年以来最重；泰国、老挝的干旱也导致作物减产。1987年，东南亚各国普遍少雨。印度尼西亚部分地区因干旱颗粒无收，中南半岛不少地区旱情为近10年最重；南亚降水也普遍偏少，印度三分之二的地区雨季缺雨，16个邦受到干旱的严重威胁。在1991—1995年间，中南半岛、菲律宾、马来西亚、印度尼西亚等国先后发生了不同程度的严重干旱。菲律宾1992年旱灾之重为40年所少见，棉兰老岛大部数月滴雨未见；泰国73个省有58个省干旱；印度尼西亚的干旱使26万人面临食物短缺；澳大利亚东部经历了近60年来最严重的干旱，这场干旱历时4年之久，直到1995年厄尔尼诺事件结束才得以解除。1997/98年的事件同样造成了印度尼西亚、澳大利亚等国的严重旱灾，损失十分惨重。随着2002年一次新的厄尔尼诺事件的爆发，一场百年罕见的干旱正在困扰着澳大利亚，土地干裂、庄稼枯萎，高温干燥更使得丛林火灾蔓延（图2.5），几个月已有47万公顷林木被烧毁；越南也出现27年来最严重的干旱。

南部非洲的干旱和东非的多雨

南部非洲也是易受影响的地区，往往在厄尔尼诺年形成干旱。1969/70、1972/73、1982/83等年的厄尔尼诺事件中，南非南部都发生了严重的干旱。1987年不同程度的干旱涉及了撒哈拉以南的津巴布韦、南非、肯尼亚等45个国家。1990～1995年期间，南部非洲经历了上个世纪最严重的旱灾，受灾各国普遍面临粮食严重短缺，成千上万人处于饥饿状态。在2002年的厄尔尼诺事件中，南非再次遭遇旱灾，整个夏粮区的播种工作几乎陷于停顿，第二大玉米产区西北省播种的农田还不到20％。但1997/98年的厄尔尼诺期间南部非洲却还比较风调雨顺。

东非常常是厄尔尼诺发生的当年末到第二年初多雨。1982年的这段时间东非多雨，布隆迪大雨形成洪水，大部豆类等农作物受损，肯尼亚庄稼和建筑遭到毁坏。1997 年的这段时间埃塞俄比亚、苏丹、肯尼亚、索马里等国降雨量相当于正常年份的 10 倍，多次引发了洪水。

图 2.5 2002 年澳大利亚严重干旱,土地干裂,丛林火灾蔓延
(引自 Inter 网)

加拿大西南部和美国北部的暖冬

在厄尔尼诺期间,太平洋高压比正常情况加强,其北部增强的西风又使阿留申低压进一步加深,加拿大和美国西部高压脊发展,盛行暖的西南气流,使这一带形成暖冬,而极地冷气团则沿着脊前的偏北气流侵入美国东部造成严寒天气。1973 年初,加拿大南部异常暖冬,3 月底整个大湖区冰冻全部融化,是 1959 年通航以来航运开始最早的年份。1982/83 年冬季,加拿大南部及美国北部平均气温较常年偏高 2～5℃,12 月许多测站打破了最高温度的记录。1986/87 年冬季,加拿大西部气温偏高 2～6℃,出现多年少见的温暖少雪天气。在 1991～1995 年长厄尔尼诺期间,北美大部连续出现暖冬,其中 1991/92 年冬季,美国大部平均气温高于常年 4℃,局部高 6～8℃,为近百年来最暖的冬季。1994/95 年冬季,美国大部偏高 2～5℃,北部和东部有 250 个测站创同期高温记录,致使寒冬时节仍温暖如春。

而厄尔尼诺结束后的 1983 年 12 月,赤道中、东太平洋转入了冷位相特征,加拿大中部和美国中北部气温明显较常年偏低,美国中部 12 月气温为 50 年来最低值,许多地区为一个多世纪以来的最低值。在两次厄尔尼诺之间的 1993/94 年冬季,美国暴风雪频繁,中部和东北部经历了近 25 年来最严寒的冬季,近百个城市出现创纪录的低温,五大湖湖面出现 1978 年以来最严重的封冻。处于拉尼娜事件期间的 1995/96 年冬季,北美东部再次在频繁的暴风雪中渡过了一个寒冷的冬季,加拿大安大略省、美国中部、南部和东部的许多地区气温创历史最低记录。

从图 2.6(见彩插)可以看出厄尔尼诺年和拉尼娜年美国冬季气温情况有着明显的差异,厄尔尼诺年美国北部气温明显偏高,南部气温偏低,而拉尼娜年冬季气温西北部偏低,东南部显著偏低。

美国南部的潮湿多雨

图 2.7(见彩插)反映了厄尔尼诺年和拉尼娜年美国冬季降水分布情况。厄尔尼诺期间,美国南部冬季会更加潮湿多雨,北部则比较偏干;拉尼娜年则相反,北方较为潮湿,南部比较干燥。从最近 20 几年来的较强的厄尔尼诺事件来看,1982/83、1986/87、1991/92、1997/98 年等事件的冬季南部都异常多雨甚至发生洪水。1982 年底到 1983 年春季,美国墨西哥湾北部边缘各州降水显著偏多,河水泛滥,引发大洪水,总损失达 6 亿美元。1991/92 年冬春季,加利福尼亚和墨西哥沿岸部分地区暴雨成灾,南加州出现 1938 年以来最严重的洪水。

太平洋和大西洋上的热带风暴

热带气旋是发生在热带洋面上伴有大风和强降水的强对流天气。当热带气旋中心风力达到 8 级以上时称为热带风暴,达到 12 级以上时在西北太平洋上称为台风,在大西洋和东北太平洋上称为飓风。热带风暴登陆以后会给沿岸地区带来严重的大风、暴雨灾害。

热带风暴的主要能源是来自潮湿炎热的空气在上升过程中所释放出的潜热。在水分供应非常充足的大洋洋面，当海温达到27.5℃以上、低层环流中存在气流辐合时就有可能生成热带气旋，进而发展为热带风暴。北半球的夏半年，太阳直射赤道与北回归线之间，北半球的东北信风向北移动，南半球的东南信风越过赤道成为越赤道气流，当越赤道气流跨过北纬5°以后，在地转偏向力的作用下向右偏转变成西南气流，与东北气流汇合，在这里高温高湿对流旺盛的条件下，一旦有比较强的波动产生，往往可以发展成热带气旋。厄尔尼诺发生时，热带西太平洋温度降低，大气稳定度增大，不利于热带风暴的形成；拉尼娜发生时，热带西太平洋更加高温高湿，为热带风暴的产生和发展创造了更加有利的条件。所以厄尔尼诺年西太平洋的热带风暴往往比正常要少，拉尼娜年西太平洋的热带风暴往往比正常偏多，西太平洋台风频数与赤道东太平洋海温之间呈较明显的反相关关系。

大西洋的热带气旋频数与厄尔尼诺的关系与西太平洋类似。大西洋上的平均情况是每年生成热带风暴10个，飓风5～6个。有厄尔尼诺的1957、1965、1972、1982、1983、1987年，大西洋上仅生成热带风暴4～8个，其中2～4个发展为飓风。1991～1994年，北美东海岸每年仅有6～8个热带风暴生成，其中3～4个达到飓风强度，明显少于多年平均值。1997年强厄尔尼诺期间，大西洋上异常平静，飓风在7月以后便销声匿迹了。而当1991～94年长厄尔尼诺结束以后，飓风活动在连续4年处于低频数之后立即异常频繁起来。1995年大西洋飓风季节开始早，结束晚，次数多，强度大，被命名的热带风暴达19个，仅次于次数最多的1933年，是50多年来最高值，其中达到飓风强度的风暴有11个，位居第二。1996年，北大西洋发生热带风暴13个，飓风9个，分别比多年平均多3个，也属于比较活跃的年份。其中9月上旬末的“霍坦斯”飓风在肆虐加勒比海地区后又长驱北上袭击了加拿大东部沿海省份，为该地20年来所罕见；10月中旬的飓风“莉莉”竟越过大西洋闯入英国。1999年的拉尼娜期间大西洋飓风个数超过正常年份的一倍，9月威力罕见的飓风“弗洛伊德”袭击了美国六个州，造成的经济损失高达数百亿美元。当然，这其中也有一些例外，像厄尔尼诺期间的1969年，风暴数达18个，飓风达12个，近似于最多的1995年；而拉尼娜年的1956、1973年却只出现4个飓风，又属非常少的年份。

东北太平洋热带风暴的数量往往是伴随着厄尔尼诺的到来而增加，强度也明显加强。所以在厄尔尼诺年，北美西海岸以及中美洲的国家和地区往往会遭受到更多的风暴袭击。

厄尔尼诺对中国气候的影响

影响中国气候变化的主要因子

中国位于世界最大的大陆的东南部，东临太平洋，西接欧亚大陆腹地，地域辽阔，地形复杂，气候多样。

中国气候的影响因素是多方面的，包括海洋、冰雪、陆地热状况、季风、大气环流等等。中国的北方地区处于西风带控制之下，西风带有时平直一些，有时出现大大小小的波动和各种各样的涡旋，产生不同的天气。西北太平洋副热带高压是一个稳定的高压系统，它西侧的偏南气流携带着大量的水汽，在我国上空与北部随西风带波动南下的冷空气相遇产生降水，它还对台风的路径有很大影响。夏季印度低压所带来的西南气流也是我国降水的重要组成部分。这些大气环流系统无论在强度上还是在位置上发生任何变化都会对我国的气候产生重要的影响。另外，高大凸起、平均海拔高度达4000m以上的西藏高原对东亚的大气环流和我国天气气候也有着非常重要的作用。西太平洋、印度洋与亚洲大陆的热力对比又影响着季风的强弱，等等。所以中国气候的形成是多种因素综合影响的结果，其气候的变化也必然受到多种因素的制约。

厄尔尼诺虽然发生在距离我国遥远的东太平洋，不能对我国的气候产生强烈的直接的影响，但它仍然可以通过大气环流的作用来影响，所以厄尔尼诺也是影响中国气候异常的一个强信号。但它只是影响我国气候变化的主要因素之一，而且它与我国气候的关系要比与热带地区复杂得多。因此，我们不能简单地把任何气候异常都说成是厄尔尼诺的影响，也不能说厄尔尼诺发生后中国气候就必然产生某种特定的异常。

厄尔尼诺与中国暖冬

冬季时，亚洲大陆内部为强大的西伯利亚冷高压控制，而海洋上相对要温暖得多，形成暖低压，空气从大陆内部流向海洋，中国大部地区盛行来自中高纬度的西北气流，常常有寒潮天气过境，气候寒冷而干燥。冬季风的强弱是导致我国冬季冷暖的直接原因。厄尔尼诺发生年的冬季，东亚极锋锋区位置较常年偏北，冷空气活动也随之偏北、偏弱，而南方暖气团势力增强，我国往往出现暖冬。拉尼娜年极锋锋区位置较常年偏南，东亚地区冷空气活动频繁，南方暖气团势力减弱，我国东部易出现冷冬。

近 50 年来 80%的厄尔尼诺年中国都出现了暖冬(图 2.8)，1990 年代厄尔尼诺事件频繁发生，中国连续出现暖冬。1951 年以来发生过 15 次厄尔尼诺事件，14 次我国都出现了暖冬。1980 年代以来赤道东太平洋海温持续偏高，厄尔尼诺频繁发生，我国连续 15 年出现暖冬。相反，当拉尼娜事件发生时，我国温度下降，往往出现冷冬气候，1951 年以来发生的 11 次拉尼娜事件，有 8 次我国出现了冷冬。1999 和 2000 年冬季虽然我国大部地区气温与多年平均相比仍偏高，但由于拉尼娜事件的持续，东北、华北地区气温比前几年也明显下降，部分地区出现了少见的严寒。

厄尔尼诺与中国的干旱和洪涝

中国是典型的大陆性季风气候国家，降水主要集中在西南和东南季风盛行的夏季。来自海洋的暖湿气流可以深入到内陆地区，产生丰富的降水。我国东部的雨带具有明显的季节性向北推移的

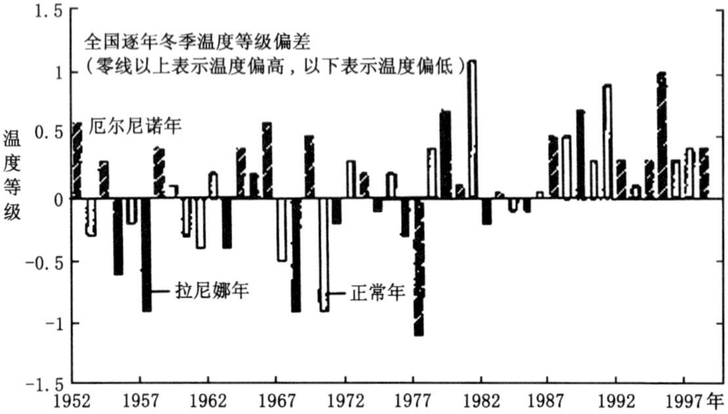

图 2.8　全国逐年冬季温度等级偏差图

（引自国家气候中心气候诊断预测室）

（黑直柱为拉尼娜年，加斜线的黑直柱为厄尔尼诺年）

特点，这一特点又与西北太平洋上的副热带高压的季节性北跳有着很好的一致性。5 月，副热带高压中心位置比较偏南，我国雨带维持在华南地区；随着 6 月中旬到 7 月中旬副高北跳到长江流域，长江中下游地区出现大范围持续多雨天气，这就是著名的江淮梅雨，入梅出梅的早晚、持续时间的长短和梅雨期间降水量的多少直接影响到夏收、夏种等各项农事活动；7 月中旬副高再次北跳，雨带移到黄河流域，长江中下游处于副高控制之下，进入伏旱期；8 月中旬副高到达最北位置，东北、华北、河套地区进入雨季。8 月下旬，副高开始向南撤退，东部地区的雨季很快相继结束。由此可见副热带高压对我国的气候起着举足轻重的作用。如果副高在一个地区停留时间过长或过短，比常年偏强或偏弱，都会造成我国东部地区的旱涝异常。

厄尔尼诺年的夏季，由于赤道东太平洋海温升高、哈得来环流加强，西太平洋副热带高压强度增强；但西太平洋海温降低，大气对流活动减弱，使副高位置偏南。但西太平洋副高对厄尔尼诺的响应一般要落后几个月，往往是厄尔尼诺发生的第二年这种相关关系更显著一些。另外，亚洲大陆北部上空常有阻塞高压形成（图2.9），阻塞高压使西风带出现分支现象，南支锋区向南压，冷空气活动比较偏南；加之夏季风偏弱，暖湿气流北上势力不强，因此冷暖空气交绥产生的季风雨带也随之偏南，使长江中下游地区多雨以至发生洪涝，黄河及华北一带少雨并形成干旱。

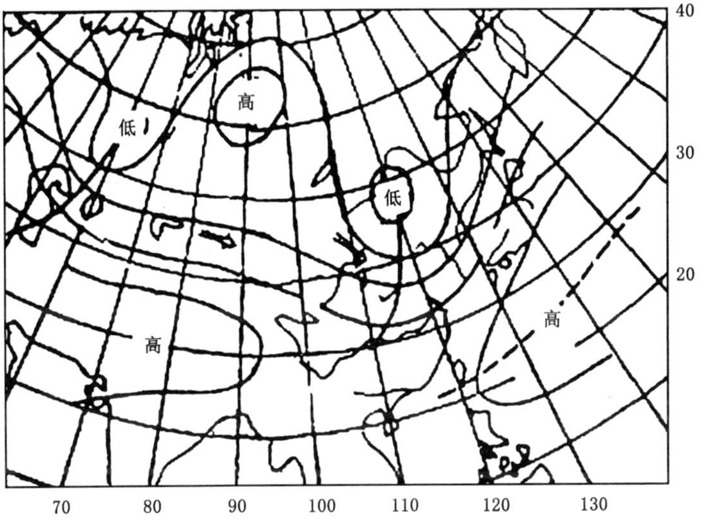

图 2.9 阻塞高压使西风产生分支

（引自盛承禹，1986）

近50年来的大多数厄尔尼诺年中国夏季主要多雨带都出现在黄河以南地区。1969年长江中下游梅雨持续时间较长，6月下旬到7月中旬多次出现大雨或暴雨，发生严重洪涝。1983年夏季，长江流域梅雨强度与1969年相当，部分地区降水量比常年同期偏多5成到1倍半，新安江水库超过了历史最高水位，长江干流水位普遍超过警戒水位。1987年和1991年也都因江淮梅雨持续时间长降雨强度大而造成洪涝，华北夏季降水显著偏少出现伏旱。强厄尔尼诺的1997年，夏季主要多雨带出现在长江以南地区，而北方出现了持续高温少雨天气，成为近50年来最干旱的年份之一，长期干旱使得水资源严重减少，黄河发生了累计220多天的断流事件；1998年由于受到这次厄尔尼诺事件的滞后影响，加之其它因素的综合作用，使长江流域发生了本世纪以来仅次于1954年的特大洪水。

厄尔尼诺年的秋冬季，我国东部容易出现北少南多的降水分布型，即北方大部地区降水比常年减少，南方大部地区比常年增多。厄尔尼诺发生当年秋季我国降水量异常偏差图(图2.10)反映了这一特征。

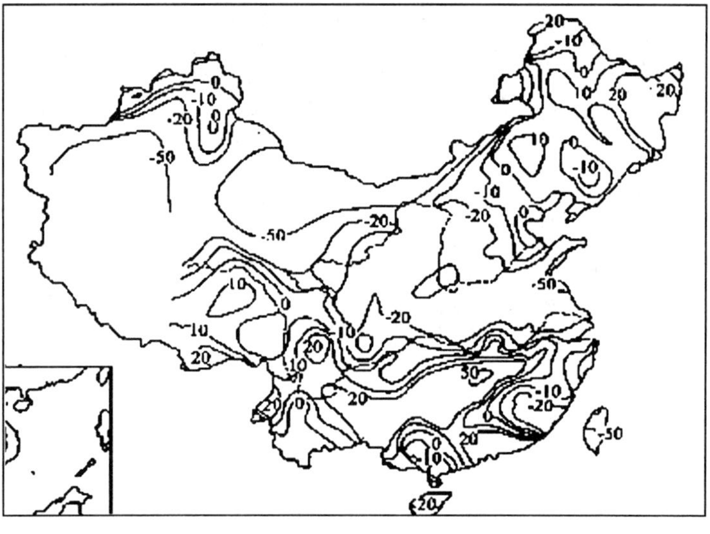

图2.10 厄尔尼诺当年秋季我国降水异常偏差(%)
(引自国家气候中心气候诊断预测室)

拉尼娜年我国夏季的主要雨带有80%比较偏北，华北到河套一带多雨，只有1954和1974年例外。

厄尔尼诺与中国东北的冷夏

厄尔尼诺与我国东北的夏季温度也有一定的关系。由于厄尔尼诺年夏季鄂霍次克海有阻塞高压发展，东北冷空气活动加强，会使我国东北地区夏季气温异常偏低（图 2.11），形成低温冷害，造成粮食减产。1951 年以来多数厄尔尼诺事件期间东北地区都出现了夏季低温冷害，特别是 1954、1957、1969、1972、1976 等范围较大的严重低温冷害年，除 1954 年是拉尼娜年外，其余都是厄尔尼诺年。1980 年代以来我国气温连续异常偏高，低温冷害出现较少，但 1983、1986、1987、1991 等厄尔尼诺年我国东北仍有部分地区气温明显偏低，1992 年还出现了明显的冷夏。而 1970、1975 等东北气温明显偏高形成热夏的年份则是拉尼娜年。但这种遥相关关系并不是完全一一对应的，像厄尔尼诺极强的 1997 年，东北夏季气温反而异常偏高，说明厄尔尼诺并不是唯一的影响因素。

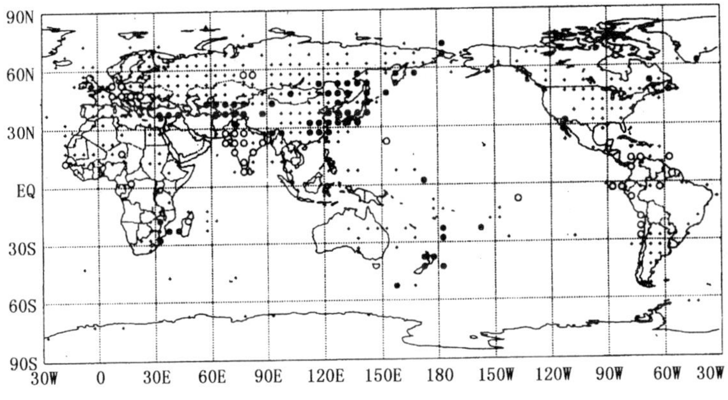

图 2.11　厄尔尼诺年夏季平均温度统计趋势

（引自日本气候监测公报）

（实心圆为厄尔尼诺年温度异常偏低年份占 95%以上，

中国东北大部和日本多为实心圆）

厄尔尼诺与中国东南沿海的热带风暴

西北太平洋和南海是全球热带水域上生成热带气旋最多、发展最强的地区，我国也是世界上受热带气旋影响最大的国家之一。热带风暴伴随的狂风暴雨常常给我国东南沿海地区造成严重灾害,给人们生命财产带来重大损失,但在我国南方伏旱季节,它又是南方降水的重要来源。西太平洋大部分热带气旋都是热带辐合带的低云或云团发展起来的,厄尔尼诺年赤道东太平洋变暖时,热带西北太平洋则变冷,大气稳定度增大,不利于积云对流在热带西太平洋的发展,热带风暴和台风的数量一般会减少,登陆我国的数量也比常年偏少。

从近 50 多年的情况来看,西北太平洋平均每年有 29 个热带气旋发展成热带风暴和台风,有 7 个在我国沿海登陆。大多数厄尔尼诺年的热带风暴和台风数为 20～26 个,登陆数为 3～5 个,比多年平均值偏少。而多数拉尼娜年热带风暴生成和登陆我国的数目都较多年平均值偏多。

厄尔尼诺对生态系统的影响

厄尔尼诺与海洋生物

赤道东太平洋是规模巨大的冷水上翻区,涌升流以极其缓慢的速度向上流动,不停地把海洋深层营养丰富的物质带到海面,因此涌升流区也是海洋生物十分丰富的地区。海面风的搅动又使营养丰富的冷海水与表层海水得到混合,在阳光的照射下,浮游植物利用这些营养生成叶绿素使自己大量繁殖,为靠吞食浮游植物生存的浮游动物提供了丰富的食物,再影响到海洋食物链中高一层次上的鱼类等海洋生物。正是这种得天独厚的条件使秘鲁沿海成为世界上鱼类资源最为丰富的渔场,特别是以盛产鳀鱼而闻名。他们把鳀鱼加工成鱼粉,作为禽类的饲料出口到其它国家,其鱼粉产量和出口量均居世界首位。在 20 世纪 50 年代,秘鲁的渔业产量已有十几万吨,到了 1962 年以后,渔业发展更快,捕鱼产量达到 696 万吨,跃居当时世界第一位。此后,则逐年递增,到 1970 年,突破 1000 万吨大关,达到 1300 多万吨,成为世界著名的渔业大国。

上翻流

上翻流又叫涌升流。在海洋动力学上，海水从次表层向海洋表面运动，这种运动是冷的具有丰富营养物质的海水的根源。强的上翻流区域通常出现在赤道东风区，同时也出现在沿岸地区，上翻流对加利福尼亚和秘鲁等地的海洋渔业至关重要。

当厄尔尼诺发生时，一方面东太平洋海水温度升高使喜欢冷海水的鳀鱼等鱼类难以适应改变了的环境，另一方面南美沿岸减弱的涌升流无法把海洋下层营养丰富的冷海水带到海表面，使正常的食物链遭到破坏，浮游生物大量减少，很多鱼类失去了赖以生存的食物。于是它们大量迁移或死亡，死鱼腐烂形成的硫化氢气体甚至可以把沿岸的船只变成黑色，足见其数量之巨。因此，厄尔尼诺常常给赤道东太平洋沿岸国家的渔业带来巨大损失。厄尔尼诺对鱼类的这种影响可以北至加拿大，南至智利中部沿岸。

海洋食物链

海洋生物群落中，从植物、细菌或有机物开始，经食植性动物至各级食肉性动物，依次形成摄食者与被食者的营养关系，称为食物链，也称为营养链。在各种生物营养层次多变的情况下，食物链扩大成为错综复杂的网状营养关系，称为食物网。物质和能量经过海洋食物链和食物网的各个环节进行转换与流动，是海洋生态系统中物质循环和能量流动的基本过程。

海洋食物链的结构如同金字塔（图 2.12）一样，底层很大，越往上越小。最初一环是由海洋浮游植物构成的，浮游植物通过光合作用，生产出碳水化合物和氧气，是海洋生物生长的物质基础，浮游植物是初级生产者，供养着其他消费者。海洋鱼类及各种海洋动物都是以飘浮在海水中的微小植物和动物——浮游生物为食物的，海洋浮游生物是海洋生物重要的组成部分，它们数量庞大、种类繁多，正是由于它们的存在，其他生物才能够生存，它们是海洋食物链中重要的一环。食物链的第二级是海洋浮游动物，它们以海洋浮游植物为食；反过来，浮游动物又是更高一层营养级的生物——海洋动物的食物。金字塔的最高层是海洋中的食肉类动物如金枪鱼、鲨鱼等。食物链中的最后一环是人类对海洋生物资源的开发和利用。

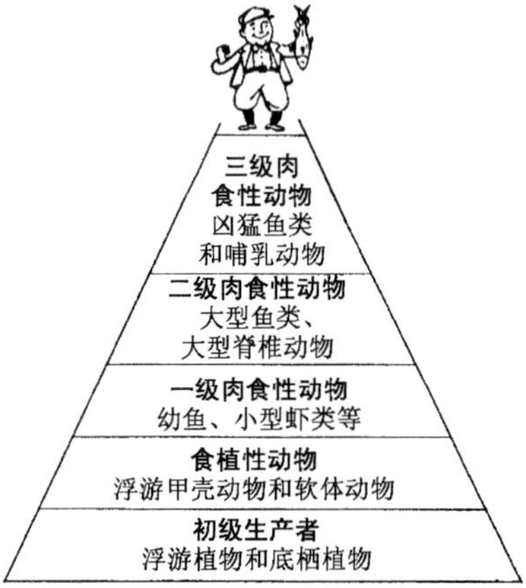

图 2.12　构成金字塔形的海洋生物食物链

厄尔尼诺还会给其它地区的海洋生物带来不利影响，美国太平洋西海岸的鲑鱼、澳大利亚的龙虾都会大幅度减产，我国对虾的产量也会下降。由于海水温度的升高，猛烈的海风和倾盆大雨使海潮的狂涨淹没了海滩，加利福尼海象的生存区域也受到了很大的威胁，1998 年死亡率达到了 75%。1997/98 年期间，美国加利福尼亚的圣来格尔岛水域大约有 6000 头小海狮、小海豹被饥饿夺去生命。海温的异常增高，还导致了加利福尼亚附近岛屿巨藻的大量死亡，印尼沿海珊瑚的大量死亡，澳大利亚大堡礁等地区也发生大规模的珊瑚白化现象。

食物链断裂，殃及海鸟

秘鲁沿海丰富的渔业资源还引来了近千万只鸬鹚、塘鹅、鹈鹕等各种海鸟,沿岸岩石重叠的岛屿为这些海鸟提供了栖息之地,生活在海洋表层的鳀鱼是它们的主要食物,它们筑成了无数"鸟岛",大量繁殖,过着悠闲自得的生活。这些海鸟每年大约要捕食上百万吨的鱼类,鳀鱼被海鸟消化以后,转化为被称作"瓜诺"的鸟粪,这里的海鸟也因此而得名为瓜诺鸟。经过2000多年的堆积,钦查群岛、马卡维岛、瓜佩岛、洛沃斯岛等岛屿鸟粪覆盖厚度达数十米。欧洲化学家在19世纪初发现瓜诺含有丰富的氮和磷,英国、欧洲及美国把瓜诺当作绝好的农田肥料。秘鲁沿岸及岛屿上的鸟粪山又成了一座座巨大无比的天然肥料厂。1840～1880年期间,瓜诺成为秘鲁很有价值的出口商品,秘鲁也因此形成了一个独特的经济部门——鸟粪业。

厄尔尼诺的降临不仅使海洋生物遭到劫难,同时也殃及了靠捕食鱼类而生存的海鸟。由于鱼类的大量消失和迁徙,使得成千上万大大小小的海鸟因缺少食物而死亡,被冲到岸边的死鸟遗骸在秘鲁海滩随处可见。据报道,1982年栖息在圣诞节岛上的1700万只海鸟在圣诞节前夕突然全部消失。佛罗里达大学地理学家塞扎·卡维德斯(Cesar Caviedes)曾在南美洲太平洋沿岸城市求学,1957年的厄尔尼诺事件给他留下的印象仍栩栩如生,他回忆道:"我看见成千上万只冠鸬鹚鸟精疲力竭地飞抵海滩,不久就被饿死在瓦尔帕莱索湾。此情此景是对海洋－气候学现象的生动写照。"随着瓜诺鸟的减少秘鲁琴查岛及沿岸地区的瓜诺产量也出现下降,鸟粪的减少直接影响了农作物的产量。另外,鱼捕获量减少对鱼粉生产的影响又引起动物饲料的短缺,家畜、家禽也受到连带影响,并由此产生一系列的连锁反应。

野生动物的生存环境受到威胁

厄尔尼诺对气候造成的灾害也会影响到陆地上的生态环境。西太平洋周边国家的严重干旱引发了无数次大规模的森林火灾,使大片原始森林毁于一旦。1982/83年的印尼森林大火扩大到邻近岛屿，浓密的烟雾一直蔓延到马六甲海峡对面的马来西亚和新加坡，对人类的健康和交通运输造成严重的不利影响。仅1997年内，印尼雨林消失的面积就达到200万公顷，雨林的大面积消失不但难以恢复，而且使这一区域的气候也发生了大规模的改变。印尼的森林是成千上万物种的家园，这里的生态系统物种之丰富在世界上是独一无二的，大火使一些珍贵的植物种群灭绝，长期栖息在森林里的熊、野猪、鹿、老虎等稀有动物也被烧死或逃往异地藏身，本来居住在密林深处的红毛猩猩、长鼻猴被大火驱赶到了森林的边缘地带，这些珍稀动物的生存环境严重恶化，一些濒危物种面临灭绝的威胁，地球的生态链可能也会因此而受到重大的影响。1997/98年厄尔尼诺期间巴西北部的森林大火把一些生存了百年以上的植物化为灰烬，许多动物受到威胁，并可能导致50种哺乳动物被饿死。

对人类的影响

厄尔尼诺也使人类感到了它的巨大力量，人们不断被伴随它而来的洪水、干旱等各种各样的气象灾害无情地蹂躏着。一些地区暴雨连连，铺天盖地而来的洪水、泥石流无情地吞噬着人们的生命，冲毁了他们的家园；而另一些地区又被干旱折磨着，土地荒芜，民不聊生。在1982/83年厄尔尼诺事件中，全世界有2100人丧生，几十万人被迫疏散，更多的人无家可归，成百上千万人面临饥饿的威胁。1997/98年厄尔尼诺在全球引发的气候灾害造成至少2万人死亡。1998年，我国仅长江流域的特大洪水就造成了1300多人死亡。洪水和干旱引起的环境恶化、食品及饮用水短缺还会造成多种疾病蔓延、人类健康状况下降等。而它对自然界其它生态的影响通过各种连锁反应最终也都会危害到人类本身，只是这种影响较为缓慢和持久。

厄尔尼诺有时也不是坏事

当然，世间的任何事物都有它的两个方面，虽然厄尔尼诺总是给这个世界带来很多的灾害，然而伴随着它的到来，也常常会有意想不到收获。一些学者注意到，对于南美西海岸来说，虽然在厄尔尼诺期间喜欢冷水的鳀鱼减少了，但喜欢暖水的沙丁鱼、马鲛鱼、扇贝等鱼类的数量却增加了。智利1972年茄克鲭鱼的捕获量就从不足2%突增到10%，沙丁鱼的产量也出现飞跃。厄尔尼诺期间，在秘鲁沿岸还可以捕获到通常生活在厄瓜多尔海岸的优质大虾，在智利北部又可以捕获到秘鲁的鳀鱼，对这些国家又是有利的一面。

另外，一些地区的自然景观也会因为厄尔尼诺的发生而出现令人惊叹的戏剧性变化。由于长年受冷洋流的影响，秘鲁沿岸是数百里宽的沙漠，气候干旱，土地贫瘠。但是经过1982/83年的厄尔尼诺事件，德国学者沃尔夫·阿恩茨(Wolf Arntz)却目睹了这样的奇景："在沿岸沙漠的许多地方，降水和异常的大雾使得迄今尚不清楚的植物大量繁殖，郁郁葱葱，结果荒漠上鲜花覆盖，绿草如茵，一望无际，持续达数月之久，当地居民在上面放牧牛羊……。"显然，是这次强厄尔尼诺事件带来的大雨唤醒了那些在沙漠里沉睡了几十年的植物种子和根茎，使它们在这片荒芜的土地上再次展现出新的生机。1997/98的岁末年初之际，肯尼亚也因厄尔尼诺带来的大雨使得常年干枯的草原变得一派葱绿，水源枯竭的挪古洛湖也在青山的怀抱中重现汪洋。

厄尔尼诺对社会经济的影响

厄尔尼诺现象不仅对全球许多地区的气候、生态环境、人类健康、粮食供应等影响十分显著，而且通过气候影响链(图2.13)将这种影响作用于社会和经济领域。

粮食危机使厄尔尼诺作为主题进入科学研究的前沿

1972/73年的厄尔尼诺事件期间出现了全球性的干旱。严重

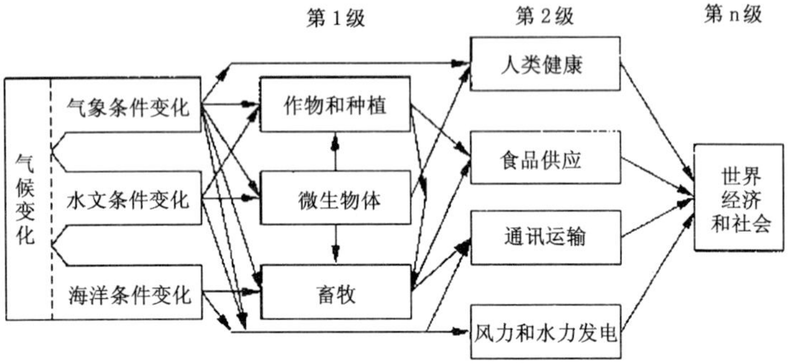

图 2.13 气候对经济和社会的第1级到第n级影响

(引自 Robert. W. Kates)

干旱不仅出现在印度尼西亚、澳大利亚南部、美国南部、巴西东北部、非洲南部，而且涉及了欧洲以及更远的地区。中东地中海沿岸的许多地区全年滴雨不下；前苏联欧洲部分的干旱是上个世纪以来最为严重的；非洲的许多国家农业大范围歉收，大批牲畜死亡，水源短缺，发生饥荒。

1980年代初期，印度尼西亚正在实现粮食生产自给自足的目标，并且已经开始成为粮食出口国，但1982/83年厄尔尼诺事件带来的干旱以及全球性经济萧条、石油收入减少等的共同作用阻碍了这一经济发展目标的实现。

1982/83年厄尔尼诺期间，澳大利亚干旱从4月直到年底席卷了东南部的广大地区，是该大陆经历过的最严重的干旱之一，产生了严重的社会和经济影响，农作物的损失超过2亿美元，小麦与大麦的输出减少一半。农业和牧业及火灾造成的财政损失达数十亿美元。

1983年南部非洲遭受了20世纪最严重的干旱，素有“粮仓”之称的南非受灾面积占全国70%，被迫从美国进口约150万吨玉米，该区粮食供给国之一的津巴布韦也不得不向国际社会求援。博茨瓦纳、莫桑比克、安哥拉、莱索托、赞比亚等国的经济均遭到了破坏。粮食生产的严峻形势使非洲面临严重饥荒。

我国长江中下游地区是我国最主要的产粮基地之一，无论发生干旱还是洪涝都会给粮食生产带来严重损失。北方地区也是我国重要的粮食产区，干旱常常造成玉米、高粱等农作物大范围歉收甚至绝收，牲畜缺水、缺草而大量死亡。东北地区在严重低温年平均减产达15%以上，1969、1972和1976年的夏季低温冷害造成全区共减产粮食150多亿公斤，严重影响了国民经济的发展。

厄尔尼诺引发的自然灾害造成的粮食短缺使数千万人面临饥饿，许多国家不得不大量进口粮食，加剧了国际市场谷物短缺的供需矛盾，使世界粮食市场受到严重干扰。

厄尔尼诺对世界粮食问题的影响引起科学界对它的关注和重视。1972年全球人均粮食产量及储量都出现二战以来首次下降，同时渔业也出现二战以来首次减产，这一严峻形势促成了世界粮食大会于1974年在罗马召开，厄尔尼诺也被作为主题进入了科学研究的前沿。

渔业的衰落使太平洋东海岸国家经济受到沉重打击

赤道东太平洋沿海国家可以说是对厄尔尼诺的影响最为敏感的地区。这些国家靠着太平洋这个得天独厚的天然大渔场，每年捕获着数百万吨的鳀鱼，并把它加工成鱼粉，作为禽类的饲料出口到其它国家。每年大量的鱼粉和几十万吨的鸟粪为秘鲁换回巨额外汇，这两个行业已成为该国重要的经济支柱。秘鲁1970年捕鱼高达1200万吨，而经过1972年的强厄尔尼诺，1973年陡降到200万吨以下。1982/83年厄尔尼诺之后的两年，秘鲁捕鱼量从1030万吨锐减到180万吨。同时鸟粪业也随着鳀鱼的减少而衰落。太平洋沿岸国家捕鱼业和鸟粪业的崩溃，不仅使其本国经济蒙受重大经济损失，而且还在全球引发了一连串的连锁反应。另外，太平洋沿岸其它国家也会因厄尔尼诺引起的洋流变化而造成渔业减产。

厄尔尼诺的影响已经渗透到社会经济的各个方面

厄尔尼诺引起的干旱和雨涝严重影响着农业和经济作物的产量，暴风雨和洪涝给基础设施带来巨大破坏，干旱又常常引发一些国家的森林火灾和草场大火，而影响到林业和畜牧业。厄尔尼诺带来的灾害还会使一些国家因原材料不足、水资源不足、农业收入下降、资金投资方向改变影响到工业。这些影响又会渗透到社会经济的各个方面。

由于厄尔尼诺对渔业的影响，秘鲁鱼粉产量大幅度下降，饲料的缺乏又使其代用品黄豆的价格暴涨，随之禽类零售价也猛涨。1982/83 年的厄尔尼诺事件就使日本、美国的大豆价格上涨了 3 倍以上。椰子是菲律宾四大经济作物之一，也是世界椰干产量最多的国家之一，干旱造成的该国椰子减产不仅使椰子价格上涨，而且作为生产原料又引起了肥皂、清洁剂价格的上扬。著名的“咖啡国”巴西，不仅是世界最大的咖啡出口国和生产国，而且甘蔗、蓖麻子等产量也均在世界首屈一指，还是可可、大豆的生产大国，畜牧业也很发达，厄尔尼诺造成的东北部干旱和南部水灾不但使其蒙受严重的经济损失，甚至引起社会动乱。而厄尔尼诺带来的暖冬却也使加拿大和美国的一些地区受惠，仅 1982/83 年的暖冬就给美国节省了大约 24 亿美元的取暖费用。

由于许多地区的经济乃至全球性社会经济不断受到厄尔尼诺引起的气候异常的冲击，厄尔尼诺的信息越来越多地受到经济界人士的关注。澳大利亚科学家曾评论说“厄尔尼诺的影响可以渗透到澳大利亚经济的各个方面，因此对于政府考虑一系列政策性问题（宏观、经济、贸易和税收）来说，季节性的预报具有潜在的价值。”据有关报道，近年东京前往气象厅购买“厄尔尼诺监测公报”的经济学家、股票行家及生意人络绎不绝。看来，赤道中、东太平洋的海温演变曲线不仅联系着世界气候的变化，而且还牵动了全球经济的兴衰和股票的涨落。

1982/83 年厄尔尼诺的主要影响

1982/83 年厄尔尼诺事件是仅次于 1997/98 年的最强事件，它对全球气候造成的影响也非常之重。这次厄尔尼诺事件在全球造成的经济损失至少在 130 亿美元以上，而由此造成的间接损失更是难以估量。与这次事件有关的主要气候灾害有如下几个方面：

南美多国洪水频繁，北部干旱

赤道东太平洋沿岸国家和地区暴雨十分频繁，洪水不断发生。1982 年底到 1983 年上半年，秘鲁、厄瓜多尔西部连降暴雨，发生史无前例的洪水，洪水和泥石流造成各国死亡 300 余人。厄瓜多尔全国三分之一的土地出现百年不遇涝害，农作物及财产损失约 2 千万美元。秘鲁农作物及财产损失近 5 千万美元，石油及渔业损失达 4 千万美元。阿根廷、巴西南部、巴拉圭连续二年发生罕见的大洪水，大约 6 万人失踪，阿根廷 20 万人被洪水围困，几十万公顷农作物被淹，几千公里公路被毁，北部一些地区洪水持续 7 个月之久。相反，哥伦比亚中部及北部、巴西东北部发生旱灾。

美国南部洪水，中西部到中美洲干旱

1982 年底到 1983 上半年，美国南部墨西哥湾地区异常多雨，路易斯安娜州和密西西比州部分地区冬春季总雨量超过常年 1.5 倍，沿海湾各州洪水泛滥。

厄尔尼诺期间，美国中西部及其大西洋沿岸地区中部、墨西哥及中美洲发生了大范围的严重干旱。美国中西部和大西洋沿岸中部降水比常年偏少 50%，作物生长区缺水达 30%，损失达 100 多亿美元；墨西哥东北部 1982 年降水减少 50%，玉米产量比高产的 1981 年减少 40%；巴拿马许多测站降水量为历史最低值，作物生长受到影响，人畜饮水困难，船舶因水位低而不能通过运河。1982

年夏季，哥斯达黎加和尼加拉瓜农业损失合计达 1 亿美元。

大西洋飓风显著偏少，东北太平洋飓风活跃

1982 年大西洋和加勒比海在飓风季节却比较平静，热带风暴不超过 5 个，其中只有 2 个发展为飓风，为 1930 年以来最少值；1983 年也仅形成 4 个飓风，较常年显著偏少。相反，在中美洲的西海岸，东北太平洋飓风却较为活跃，1982 年 9 月份的热带风暴袭击危地马拉和萨尔瓦多造成 1200 多人死亡，损失约 3.8 亿美元，并在墨西哥北部造成 225 人伤亡，损失至少超过 3000 万美元，美国西海岸也连续多次受到风暴袭击。1983 年东北太平洋共生成 24 个气旋，而且气旋活动时间长，从 5 月底一直持续到 12 月初，是 1947 年以来第一次在 12 月生成气旋。

东南亚大部、印度南部等地干旱，孟加拉国和印度东部洪涝

亚洲南部也对这次厄尔尼诺事件作出了相应的反应。东南亚大部干旱，印度尼西亚发生 1933 年以来最重干旱，1982 年下半年降水量只有常年的 50%，8 月和 9 月印度尼西亚森林大火产生的烟雾使马来西亚能见度降低达 6 个星期之久，许多天的能见度不超过 1～2km，致使航运中断。菲律宾中部和南部地区 1982 年 11 月到 1983 年 6 月干旱造成农作物减产，损失达 1000 万美元。1982 年泰国东北部出现 7 年来最严重的干旱，老挝北部出现十年来最严重的干旱。1983 上半年泰国中部平原降水量只有常年的 15%，越南高温少雨出现了较重旱情，缅甸降水也显著偏少。

1982 年，印度西北部雨季干旱，作物枯萎，而东部恒河平原大面积洪涝，600 人丧生，农作物和建筑物损失估计达 7 亿美元，200 万人无家可归；孟加拉国无数人葬身洪水，2.5 万人无家可归。1983 年前期，印度南部边缘持续缺水，斯里兰卡也因降水偏少作物失收。印度北部和孟加拉国则因连续暴雨再度引发严重洪水。

中国多洪涝灾害，日本南部洪水泛滥

1982年6月，中国中部和南部一些省份发生洪涝，许多建筑物被摧毁。8月，北方地区也受到洪涝影响，黄河出现有记录以来第二个最高水位。1983年，中国南部1～3月降水量为30年最大值，部分地区洪水泛滥，香港上半年降水量为1889年以来最大值，5月和8月发生严重洪水。6～7月，长江中下游地区出现暴雨，长江水位许多测站达历史最高。而中国南部及北部发生夏旱。9、10月中国汉江、黄河、淮河、长江流域6万公顷农田被淹。

7月，日本南部遭受严重洪水袭击，造成5万余人无家可归。损失达8亿美元。

澳大利亚、新西兰干旱严重

1982年澳大利亚6月～11月的冬春季节盛行反常的多日照天气。从1982年4月开始干旱，一直持续到1983年，昆士兰北部、新南威尔士、维多利亚及南澳大利亚大部地区夏季降水量是有气象记录以来最低值，东南部地区旱情为1860年来最严重。干旱使农牧业经济损失达11亿美元，小麦减产一半，东南部火灾频繁，1月发生最大火灾，2月发生的火灾为历史上最惨重，经济损失达4亿美元。新西兰北岛东部年初发生干旱，人畜饮水困难，食物短缺。新西兰东部发生30年来最重的干旱。斐济也发生历史上最严重的干旱，主要出口产品糖类作物减产4成。

加拿大南部、美国北部异常暖冬

1982/83年冬季，北太平洋上空出现1948年以来最强的阿留申低压，亚速尔高压脊异常增强，格陵兰—冰岛槽加深等特征。太平洋和北美上空的西风带较常年偏强且位置偏南，强劲的西风带阻止了极地冷空气入侵，并带来海洋气团，1982年12月～1983年3月，加拿大南部和美国北方大部平均气温较常年偏高2～5℃，并经历了近一个世纪以来最暖的12月，许多测站打破了最高温度的记录，该月两国节约取暖费用约达16亿美元。

亚洲北部暖冬，中国东北和日本冷夏

1983年初，亚洲大部地区异常偏暖，中国北部和朝鲜也异常温暖，哈尔滨、长春、沈阳、呼和浩特、乌鲁木齐和济南1月下旬气温为30年来最高值。

日本1982、1983年连续出现冷夏，1982年154个测站中有26个出现了有记录以来的7月最低气温，1983年6月平均气温较常年偏低7.5℃，一些地区作物失收。中国黑龙江及吉林东部1983年夏季气温也显著偏低。

南部非洲高温干旱

非洲干旱较为广泛，其中南部许多国家夏季炎热干旱，连续出现高温天气，1982年12月到1983年2月降水量不足常年的一半，博茨瓦纳连续二年干旱，谷物仅及1980～1981年的15%。莫桑比克水和食物短缺，180万人受灾，30万吨粮食受损，饥荒使成千人死亡，数万人严重营养不良。赞比亚长时间干旱使作物缺水加剧，经济混乱。干旱造成的粮食大幅度减产，使得非洲南部国家不得不在近代史上第一次进口玉米。

1982/83年厄尔尼诺事件影响的主要气候事件见图2.14。

1997/98年厄尔尼诺的主要影响

1997/98年厄尔尼诺事件爆发后，引起全球许多地区的气候异常，一些国家和地区暴雨频繁、洪涝成灾，同时另一些国家和地区则高温少雨，遭受着严重干旱。这次强厄尔尼诺至少造成2万人死亡，全球经济损失高达340多亿美元。

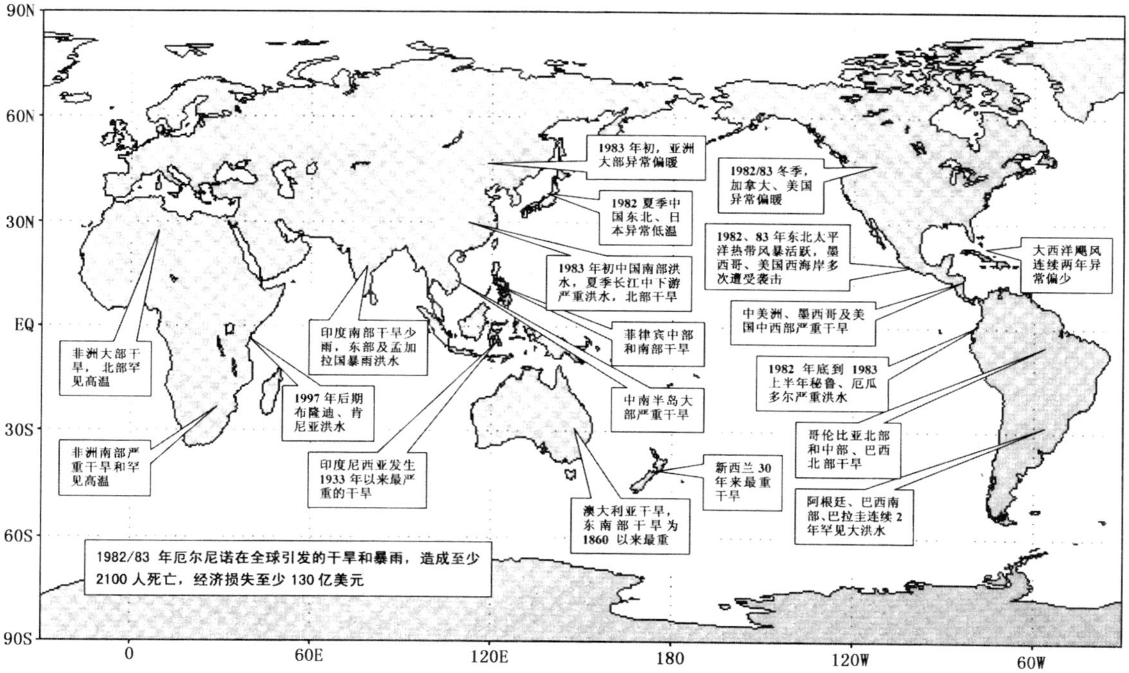

图 2.14　与 1982/83 年 ENSO 暖事件影响有关的主要气候事件示意图

南美多国暴雨洪水不断，巴西东南部高温、东北部干旱

1997 年厄尔尼诺暴发以来，南美一些国家和地区降水频繁强度大，连续造成严重洪涝灾害。智利北部 6 月连续两天的降雨量竟相当于过去 21 年降水量的总和，引发了近十年来最严重的洪水，使得全国十三个大区中有九个大区被列为重灾区；北部和中部 8 月又持续降大暴雨，一些地区 4 天之内雨量高达正常年降水量的 10 倍，暴雨引起的洪水使得上万人无家可归，20 万人被洪水隔离。厄瓜多尔沿海 7 月连日瓢泼大雨，山洪暴发，大片农田和香蕉园被淹没，许多道路、桥梁被冲毁。8 月中旬，阿根廷、乌拉圭部分地区暴雨成灾，很多人被洪水夺去生命。10 月，巴西南部、阿根廷东北部和巴拉圭南部连降倾盆大雨，一些河流决堤，洪水和泥石流使得至少 2 万人弃家出逃。直到 1998 年前期，秘鲁、阿根廷等国仍暴雨不断，洪水、泥石流频发。

巴西南部则持续异常高温，里约热内卢初春 9 月气温高达 42℃，仅比 1988 年盛夏最高气温低 1℃，1 月气温超过 49℃，创 20 年来最高记录。而东北部发生了近 15 年来最严重的干旱，受灾人口多达 1000 万。

另外，6 月阿根廷和智利的边境地区出现特大暴风雪，一些地区积雪深度超过 4m，茫茫大雪造成公路阻断，大批车辆和人员被困。8 月安第斯山区中部连续 1 个多星期的暴风雪造成 2 万人被围困，至少 8 人被冻死，19 个村庄与外界失去联系，秘鲁南部有一半羊驼死亡，损失严重。

东非多雨致洪，南非初夏遭热浪袭击

在印度洋西岸，东非的埃塞俄比亚、苏丹、肯尼亚、索马里、乌干达、坦桑尼亚等国家 1997 年 10 月到 1998 年前期降水显著偏多，多次引发严重洪水，仅索马里就有 2000 多人死亡，45 万人受灾。洪水还在这些国家造成霍乱、疟疾等传染病流行，致使 5000 多

人丧生。

在南非，9 月下旬刚一入夏便连遭热浪袭击，一些地区出现创历史纪录的高温天气，最高气温达 40℃，高温热浪使得草场大火不断发生，北方省有 10 万多公顷草场、东开普敦省有 5 万多公顷草场被烧毁。

热带西太平洋及沿岸地区干旱横行

在暴雨洪灾袭击上述地区的同时，处于热带西太平洋地区的菲律宾发生了近几年最严重的干旱，5 个大水库水位明显低于常年，水稻和玉米种植被迫推迟。印度尼西亚发生了近半个世纪以来最严重的干旱，有上万公顷农田干枯，主要经济作物咖啡豆的产量受到严重影响；伊里安查亚省有近 500 人死于干旱引起的饥荒和疾病，9 万多人食物严重短缺；干燥气候还引发了大范围严重森林火灾，使得能见度明显下降，引起飞机失事。澳大利亚降水显著偏少，严重干旱给经济带来沉重打击，小麦产量估计要减产 28%。巴布亚新几内亚河流干涸，庄稼枯萎，农作物大面积减产，这个 400 多万人口的国家约有 100 万人面临饥荒。

中美洲严重高温干旱

1997/98 年厄尔尼诺期间，中美洲出现严重的高温干旱天气。7 月巴拿马城气温偏高达 6～7℃；哥伦比亚北部沿海地区连续数日保持 40℃的高温天气，为历史上所罕见。2 月尼加拉瓜北部气温偏高 13℃，洪都拉斯高温达 45℃。巴拿马的干旱为 1984 年来最重，运河水位下降，航运受到影响；古巴东部的干旱可能是 20 世纪最严重的，水源枯竭导致农作物减少 50%。

大西洋热带风暴减少，东北太平洋飓风灾害严重

1997 年大西洋热带风暴明显偏少，7 月底以后飓风活动基本停止，北美东部沿海热带风暴灾害明显减少。但在东北太平洋飓风

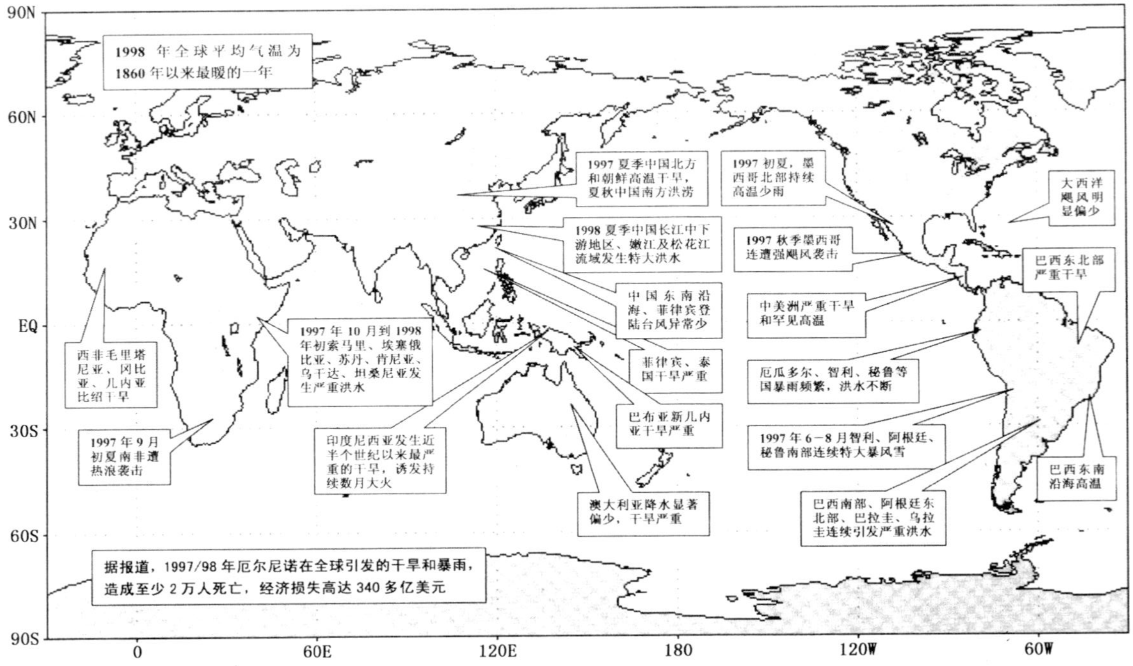

图 2.15　与 1997/98 年 ESO 暖事件影响有关的主要气候事件示意图

却异常活跃，9 月中旬到 11 月上旬，墨西哥连续受到 4 个强飓风袭击，其中 9 月中旬的飓风强度为东太平洋有记录以来最大，10 月上旬的飓风为该地 20 年来破坏性最大，造成至少 200 多人死亡，大片农田被淹，道路桥梁被冲垮，损失极为严重。

中国长江流域、嫩江和松花江流域引发特大洪水

1997 年夏季，中国华北、西北和东北大部出现大范围持续高温天气，为几十年所罕见。1998 年前期，南方持续阴雨天气，部分地区出现罕见的冬春汛。夏季长江中下游及华南部分地区连续暴雨和特大暴雨，长江发生全流域性特大洪水，嫩江、松花江流域发生百年不遇特大洪水，全国受灾面积达 3 亿多亩，绝收 7900 多万亩，洪水造成的直接经济损失达 2500 亿元人民币。

1997/98 年厄尔尼诺事件影响的主要气候事件见图 2.15。

第三章

关于厄尔尼诺的诸多推测和理论

信风张弛与厄尔尼诺

信风与季风

信风又称贸易风，是指在热带海洋特别是热带太平洋上盛行的偏东风。

从大气风场上看，在热带大气对流层低层由副热带高压靠近赤道一侧吹向赤道的大范围气流即为信风。如图3.1所示，在北半球为东北信风、南半球为东南信风。其位置、范围和强度随副热带高压作比较规律的季节性变化。例如，北太平洋上的东北信风带三月份位于北纬5～25°，九月份位于北纬10～30°，平均宽度约20个纬距。古代，海上的航行主要依靠信风而进行，故又名“贸易风”。中国早有“信风”的记载。例如，李肇《唐国史补》卷下：“自白沙溯流而上，常遇东北风，谓之信风。”

季风则是大范围盛行风向随季节发生显著变化的现象。有关它的成因解释最初是17世纪后期Hadley提出的海陆间热力环流的成因假说，后来一般认为是海陆分布、行星环流以及地形三者的综合影响。在北半球季风主要

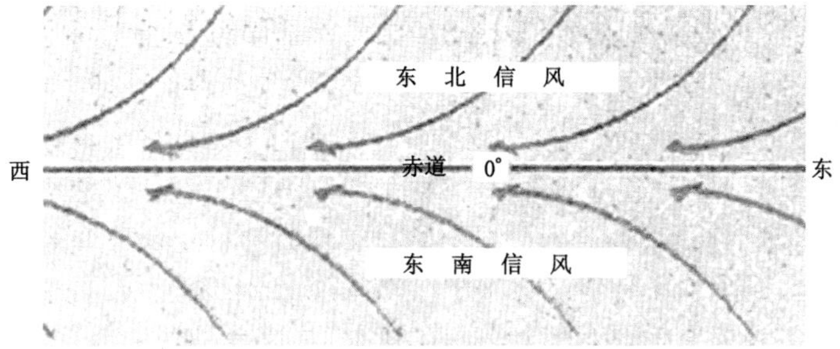

图 3.1　赤道附近信风示意图

是亚洲尤其是南亚和东亚以及非洲的重要天气现象，在南半球季风主要出现在澳大利亚地区。印度季风与东亚季风是全球最重要的两个季风系统，印度季风（或称南亚季风）主要表现为夏季风，而东亚季风的夏季风和冬季风都非常明显。

前面我们已经了解到，热带太平洋大气和海洋正常状态的维持依靠的是热带海洋和大气的相互作用。一旦这种相互作用出现异常，就必然会导致大气和海洋的状态发生异常，厄尔尼诺就是这些异常状态的一种表现。

为了更清楚地说明信风在海气相互作用中所起的作用，图 3.2 给出了正常情况下信风对赤道太平洋海水结构的维持作用示意图。通常情况下，赤道太平洋洋面上空盛行偏东信风。在赤道南、北两侧东南信风和东北信风的驱动下，赤道太平洋表层海水自东向西流动，形成表层洋流。这股洋流将太平洋表层暖的海水输送到西太平洋堆积，使得西太平洋水位不断上升（赤道西太平洋海平面通常比东部偏高 40cm），热量也不断积蓄。与表层洋流相对应，在东西向海水压力差的驱动下，在其下方形成一个与之方向相反自西向东的赤道潜流。与此同时，在赤道东太平洋至南美的太平洋沿岸海域，表层暖的海水流走后，迫使表层以下温度较低的海水上升，以替代流走的海水，因此在这个地区形成巨大的涌升流，称为冷水上翻区，使得该海域水温比周围要低。

可见，信风是维持热带太平洋水位西高东低和海表温度西暖东冷这一正常结构的支柱。但信风在强度和范围上并不是始终如一的，一旦它发生了大的改变，自然就会破坏原有的正常状态，从而使热带太平洋的这些结构发生改变。

当某种原因引起偏东信风减弱或转为偏西风时，维持赤道太平洋海面西高东低的支柱被破坏，西太平洋堆积的高水位暖海水迅速向东蔓延，使得热带西太平洋海域较正常时水位下降、暖水层变薄、海表温度降低。随着东西向海水压力差的减小，赤道潜流减弱，进而使得赤道东太平洋的涌升流也减弱；同时，向东蔓延的暖水逐步占据了赤道中、东太平洋地区，并从海面一直可以到达100m深处。因而使得赤道中、东太平洋较正常时水位上升、海表温度升高。

相反地，当某种原因使得信风异常偏强时，赤道太平洋表层海水自东向西流动的流量将加强。由此将导致西太平洋堆积更大量的暖海水，水位和海表温度都将较正常时更高。东西向海水压力差的增大使得赤道潜流增强，并使得赤道东太平洋至南美的太平洋沿岸海域的涌升流加强，从而使得该海域及赤道中太平洋的海表温度较正常时异常偏低、水位下降。

从1997/1998年有记录以来最强的厄尔尼诺事件的整个发生、发展过程，可以更清楚地了解信风对厄尔尼诺形成的作用。图3.3给出赤道西太平洋纬向风指数（柱状）与赤道东太平洋NINO 3区海温指数（实线）演变图。纬向风指数为正时表示信风减弱（亦称之为“西风异常”或“西风爆发”），为负时表示信风加强；而海温指数为正时表示赤道东太平洋海温较正常偏暖，为负时表示较正常偏冷。容易看出，1997年3月，首先在赤道西太平洋上空出现明显的信风减弱。两个月后，厄尔尼诺开始爆发。此时太平洋中部和东部也开始出现强西风异常（图略），而且这种西风异常形势继续加强并持续了数月，导致赤道中、东太平洋海表温度的异常偏暖形势迅速加强、范围扩大。1997年12月厄尔尼诺事件达到了鼎盛期，当月赤道东太平洋海温区域平均较常年偏暖接近4℃，一些海域海温偏暖超过5℃。鼎盛期过后，西风异常在强度上开始明显减弱，随后，中、东太平洋海表温度偏暖的程度也迅速减弱。

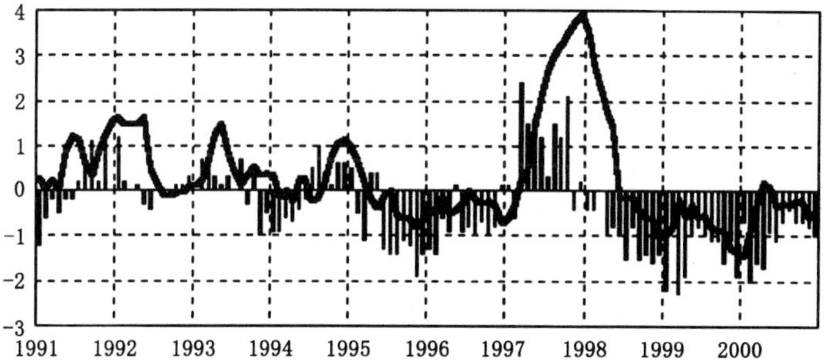

图 3.3　赤道西太平洋(5°S～5°N,135°E～180°)纬向风指数(柱状)与赤道东太平洋 NINO3 区(5°S～5°N,150～90°W)海温指数(实线)演变

季节内振荡与厄尔尼诺

季节内振荡

也称低频振荡，它是大气中一种重要的振荡，周期一般在30～60天之间。由于它是1971年由Madden和Julian在研究太平洋地区热带大气风场和气压场的变化时最先发现的，而且随后他们又证明这种准周期振荡普遍存在于热带大气中，因此又称之为Madden和Julian振荡。

在热带，东太平洋地区、南亚夏季风区、西太平洋地区和东大西洋地区表现出较强的季节内振荡。而在南亚夏季风区和热带西太平洋地区积云对流加热的反馈（CISK）是激发产生热带大气季节内振荡的重要机制。季节内振荡以缓慢东移为主，同时也有西移和北移的现象。在中高纬度，大气季节内振荡也普遍存在，但与热带季节内振荡相比，两者在垂直结构、纬向尺度、纬向传播及时间演变方面有所不同。中高纬度大气季节内振荡在纬向传播上主要表现为西移；中高纬度年变化最为明显，即冬半年明显强于夏半年，而热带季节内振荡的年际变化极其显著，但年变化并不十分明显；在垂直结构上主要表现为正压性，只是在夏半年的东亚中纬度地区表现出斜压性，这是因为该地区夏季风比较强，大气运动具有类似热带大气的特征。

关于厄尔尼诺的形成机制，国内外一些研究最初很关注厄尔尼诺的发生海域——赤道中、东太平洋的作用。然而西太平洋海水温度是高的，这一海域被称为海洋中的暖池，它是全球大气下垫面最大的热量来源，那里海气之间的热交换最剧烈，被誉为全球海气系统中的一部大热机。因此，在研究厄尔尼诺的形成机制时，更多的工作探讨了西太平洋的作用。

我国气象学家李崇银等对季节内振荡与厄尔尼诺的关系研究发现，热带大气季节内振荡的年际变化同厄尔尼诺事件的发生有密切关系，热带季节内振荡的改变可能对厄尔尼诺的发生产生影响。

图 3.4 给出赤道中（10°N～10°S，170°E～170°W）、西（10°N～10°S，140°～160°E）太平洋地区 200hPa 上季节内振荡的纬向风平方值的时间变化，它基本上反映了动能的演变特征。可以看出，在 1982～1983 和 1986～1987 年两次厄尔尼诺事件之前，赤道中、西太平洋地区的季节内振荡异常偏强。我们知道，热带大气季节内振荡一般总是存在的；相反，厄尔尼诺事件并非年年都有发生，而是存在 3～7 年的准周期特征。显然，对厄尔尼诺事件的激发作用并不是热带大气季节内振荡本身，很可能是它的年际异常。在厄尔尼

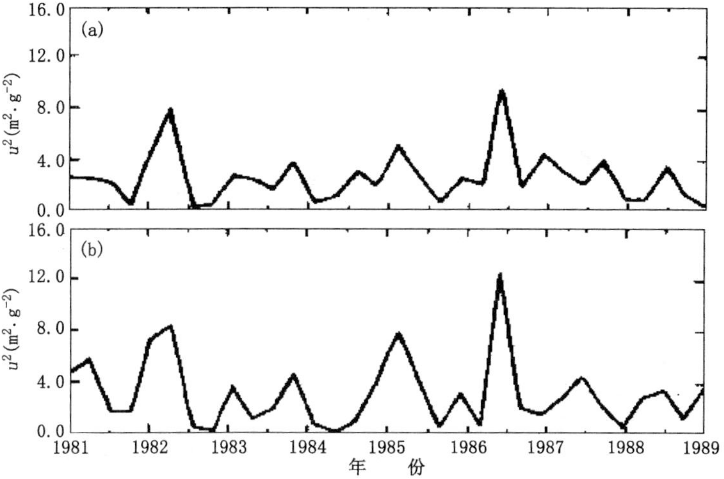

图 3.4 赤道中、西太平洋地区 200hPa 上季节内振荡的纬向风平方值的时间演变

(a)(10°N～10°S,140°～160°E)地区;(b)(10°N～10°S,170°E～170°W)地区

(引自李崇银,2000)

诺事件发生之前,赤道中、西太平洋地区的大气季节内振荡有异常增强的现象。尽管现在还不能对热带季节内振荡直接激发厄尔尼诺的产生有确切的动力学解释,但科学家们推测,在海气相互作用下,赤道中、西太平洋地区的大气季节内振荡的异常加强通过减频增幅可能成为激发厄尔尼诺的重要机制之一。

那么,大气季节内振荡对厄尔尼诺形成的可能机制是什么呢?图 3.5 给出了 1986 年厄尔尼诺爆发前后,大气季节内振荡和准定常系统(周期大于 90 天,包括 ENSO 模的活动)动能的时间变化。通过比较不难发现:伴随厄尔尼诺事件的爆发,热带大气季节内振荡的动能有极清楚的“突然”减少,而准定常系统的动能却表现出明显的“突然”增大。另外,对 1991～1992 年厄尔尼诺爆发前后的资料分析也反映了类似的结果(图略)。

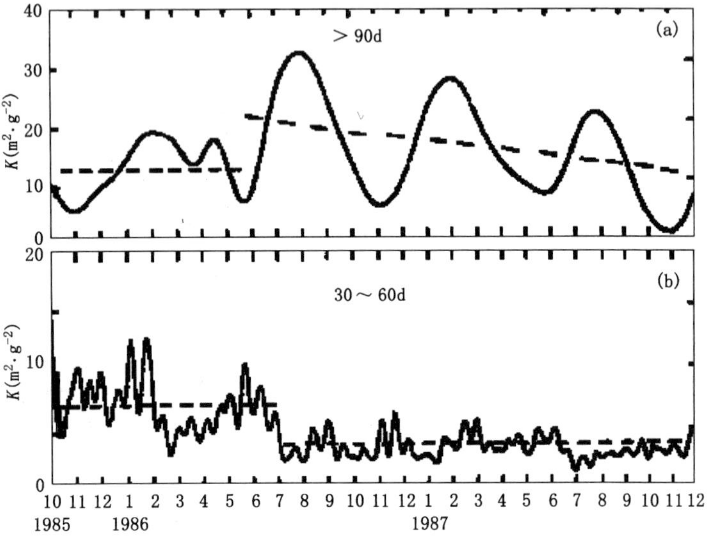

图 3.5　1986 年厄尔尼诺爆发前后，热带大气(10°S～10°N)200hPa 准定常系统(a)和季节内振荡(b)的纬向平均动能 $K(m^2 \cdot s^{-2})$的时间演变

(引自李崇银，2000)

上述资料分析结果表明，在厄尔尼诺发生之前，热带大气季节内振荡的动能都有异常增强；伴随厄尔尼诺的爆发，热带大气季节内振荡的动能迅速减小，而准定常系统的动能却急速增强。这种不同时间尺度大气系统动能的一消一长，反映了大气系统间能量的转换或传送特征。可以初步认为，当热带大气季节内振荡出现异常发展(年际异常)后，过剩的季节内振荡的扰动动能将被传送给准定常系统，使准定常系统强烈发展，在海气相互作用下激发产生厄尔尼诺事件。

数值试验结果也初步证实了上述理论。在赤道中、西太平洋地区，由于大气季节内振荡常常是与对流云团和降水相伴随。在它缓慢东移过程中，其主要的超级云团通过热源作用可以直接使大气层对流层低层周围出现西风异常,同时,由热源作用引起的气旋涡对,将造成赤道一侧西风的加强。西风的异常和加强本质上是该地区信风的减弱,这一环流异常直接激发了海洋开尔文(Kelvin)波东传,通过海气相互作用,大气季节内振荡减频增幅,同异常的海洋开尔文波相配合,最终激发了厄尔尼诺事件。

强寒潮与厄尔尼诺

除了热带太平洋海洋和大气相互作用外,关于厄尔尼诺的形成是否还存在热带太平洋以外的触发因素或机制呢?李崇银等根据资料和理论分析,提出冬半年东亚冬季风异常活跃(强寒潮频繁)可能是导致厄尔尼诺事件发生的大气过程和机制之一。

从前面的介绍我们已经知道,赤道西太平洋地区有厄尔尼诺事件发生的前期征兆(如偏东信风减弱或季节内振荡加强等),那么,什么样的大气或海洋过程会引起这些征兆的发生呢?在北半球的冬半年,东亚冬季风的活动是十分强烈的,由它所引起的寒潮天气活动自北向南及自西向东对东亚和西太平洋地区(包括赤道中、西太平洋地区)的天气气候都有明显影响。因此,科学家们自然开始关注东亚强寒潮活动对厄尔尼诺事件发生的影响。

经过分析研究,科学家们发现在厄尔尼诺事件发生的前一年冬季,东亚冬季风明显偏强,东亚和西太平洋地区 500hPa 等压面的高度较正常年份普遍偏低。这说明有强而频繁的东亚大槽活动,在地面上则表现为蒙古冷高压偏强,东亚寒潮较强且频繁,东亚地区气温偏低。对 1950 年到 1980 年间 8 次厄尔尼诺事件发生之前的冬半年(11～4 月)的分析表明(图略),除 1965 年的厄尔尼诺事件之外,其它 7 次厄尔尼诺事件发生之前的冬半年都出现了上述特征，特别是在强厄尔尼诺事件发生之前，东亚强寒潮活动异常突出。

东亚寒潮与冬季风

寒潮又称寒流。是指极地或寒带的冷空气大规模向中、低纬地区的侵袭活动。

东亚地区的寒潮特别强烈。寒潮的标准各地不一，有些规定时有更改或补充。例如我国中央气象台曾规定为，凡一次冷空气侵入后，该地区 24 小时降温 10℃以上，且最低气温低于 5℃则称为寒潮。

寒潮爆发的先决条件是在高纬度有冰洋气团或极地气团的形成；其触发的天气形势大致分为五种类型：(1)小槽发展型；(2)低槽东移型；(3)横槽转竖型；(4)纬向环流型；(5)低槽旋转型。

影响我国的寒潮，其源地有：(1)新地岛以西的寒冷洋面上；(2)新地岛以东的寒冷洋面上；(3)冰岛以南的洋面上。以上三个源地的冷空气经过西伯利亚中部会进一步加强。寒潮侵入我国的路径可分为西路、西北路、北路和东路。

寒潮影响时，常大风陡起、气压猛升、气温骤降、湿度锐减，还常伴有风沙、降水、吹雪以及霜冻、结冰等天气。

影响我国的寒潮与东亚冬季风活动之间存在密切的联系。寒潮的强度及其频率的大小直接反映了东亚冬季风的强弱。在东亚冬季风偏强的年份，西伯利亚或极地的冷空气势力强劲，向南侵袭频繁，因而影响我国的寒潮强度偏大、频率增多。反之，在东亚冬季风偏弱的年份，影响我国的寒潮强度偏弱、频率偏小。

除寒潮以外，还有其它一些物理量也可以表征东亚冬季风活动。如东亚大槽的强弱、西伯利亚冷高压的强弱、东亚沿海地区气温的高低和偏北风的强弱等都能描写东亚冬季风的强弱。

图 3.6 给出了 1975～1976 年冬半年几次主要东亚较强冷空气活动的情况。图 3.6a 是上海地区候平均气压距平(实线)和气温

距平(虚线)以及郑州地区候平均气温距平(点线)的时间变化。由气压距平和气温距平可以看出,这期间东亚地区有 7 次明显的冷空气活动(用字母 c 标出)。图 3.6b 是相应时间热带西太平洋地区 850 hPa 平均纬向风的时间变化,比较其演变特征可以清楚地看到,对应于每次冷空气活动,或者说对应于每次东亚冬季风的加强,在赤道西太平洋地区的偏东信风都有明显的削弱过程(箭头表示)。若冬半年有频繁的强冷空气活动,东亚冬季风异常偏强,那么赤道中、西太平洋地区的信风将一次次地被削弱,平均而论该年冬半年信风必然异常偏弱。

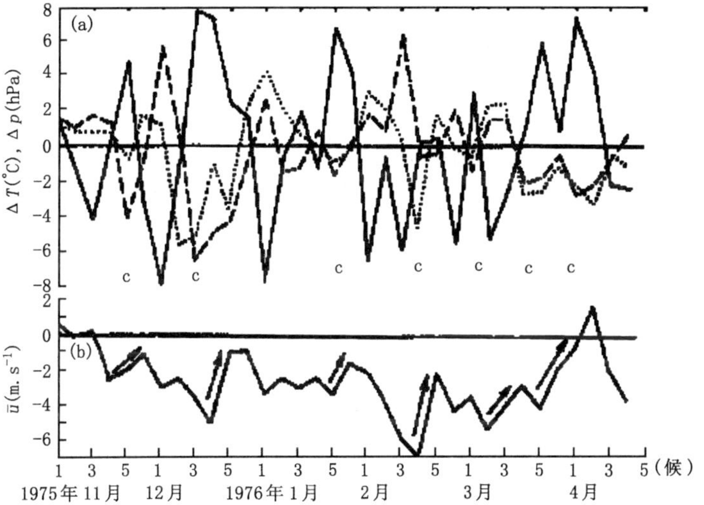

图 3.6　东亚较强冷空气活动(东亚冬季风加强)与西太平洋地区信风的减弱

(a)上海气压距平(实线)和气温距平(虚线)以及郑州气温距平(点线)的时间变化

(b)西太平洋(5°～20°N,140°～150°E)地区 850hPa 平均纬向风的时间变化

(引自李崇银,2000)

研究指出,异常东亚冬季风是一个激发产生 ENSO 的重要触

发机制，这一机制有其明确的物理过程。东亚冬季风（寒潮）活动的异常活跃，可以通过行星波列不断将能量向东南方向频散到热带中、西太平洋地区，引起热带中、西太平洋地区偏东信风不断被削弱，并使得对流活动和降水增强，而大气对流活动的增强将激发强的 30～60 天的季节内振荡。这两个异常因素，通过海气耦合相互作用正是激发厄尔尼诺的重要原因。因此，东亚强寒潮活动的异常活跃（强冬季风异常）是通过引起热带中、西太平洋地区大气环流的持续异常并使其向东扩展，才最终导致了厄尔尼诺的发生。

印-太海气齿轮式耦合与厄尔尼诺

在 ENSO 形成机制研究过程中，一些科学家把目光放到更广大的地区。科学家们在分析赤道印度洋中部和赤道太平洋东部在 1979～1988 年期间的月平均海表温度变化时发现，两者之间存在的正相关竟高达 0.76。如此高的同时遥相关是不可能用海洋内部的物理过程去解释的，而必须借助大气环流的特征及海气相互作用予以解释。

进一步研究发现，赤道印度洋海表温度在西南季风盛期（4～8 月）的下降，在东北季风盛期（12～4 月）的上升，以及中、西部海表温度半年波的存在与沿赤道东西向海表温度差异较大、风应力作用较强有关。证明赤道中、东太平洋和赤道印度洋中部的海表温度之间显著的正相关是由于在太平洋上空的沃克环流和印度洋的季风纬向环流存在齿轮式的强耦合造成的。当这种太平洋—印度洋齿轮耦合（GIP）为正向时，沃克环流和季风纬向环流均加强，东太平洋和印度洋的海表温度为负异常。反之，当 GIP 为反向时，沃克环流和季风纬向环流均减弱，东太平洋和印度洋的海表温度为正异常。

印-太齿轮

印-太齿轮是吴国雄等在研究热带印度洋和太平洋海气相互作用对ENSO事件的激发机制时所引伸出来的一个概念。

沿赤道的垂直环流在太平洋地区以沃克环流为主要特征，在印度洋以季风纬向环流为主要特征。沃克环流是顺时旋转，而季风纬向环流是逆时旋转，两者的啮合点在印度尼西亚群岛附近。研究表明，当印度洋上空季风纬向环流偏弱时，太平洋上的沃克环流也偏弱，反之亦然。因此，把沃克环流和季风纬向环流很像啮合在一起的一对"齿轮"：当一个齿轮作顺时针向转动时，另一个齿轮作反时针向转动，简称之为"印-太齿轮(Gearing between the Indian and Pacific Ocean，简称GIP)"。图3.7给出了印度洋—太平洋海气"齿轮式耦合(GIP)"示意图。

从GIP的概念容易想象得到，季风纬向环流的异常可以导致沃克环流的异常，而沃克环流的异常反过来也可以导致季风纬向环流的异常。还由于沃克环流的变化与ENSO现象紧密相连，那么，可以推测，季风纬向环流的异常与ENSO可能是互为因果的。

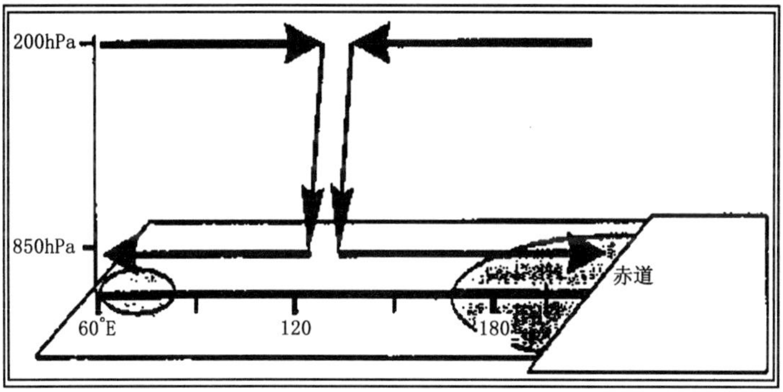

图3.7　正常情况下印度洋—太平洋海气齿轮式耦合(GIP)示意图
(引自吴国雄等，1998)

研究还表明，尽管与ENSO相关的赤道海表温度异常主要是太平洋的现象，但与之相联系的沿赤道异常大气环流却显著源于印度洋地区。GIP的啮合点首先出现在印度洋，然后逐渐向东传入太平洋。与之对应这时赤道太平洋海表温度出现异常,并随着 GIP 的东传,海表温度异常也向东扩展并发展成 ENSO 事件。换言之,从大气环流的角度来说,印度洋地区季风纬向环流的异常可能是 ENSO 事件形成的一种触发机制。

上述理论在数值试验中也初步得到证实。

ENSO 循环理论

海洋开尔文波与罗斯贝波

海气耦合过程中,热带海洋在受到风应力强迫时,除引起海洋中各要素场的改变外,同时还将激发出波动过程,即开尔文(Kelvin)波和罗斯贝(Rossby)波。这些波动在 ENSO 的形成、发展过程中起重要作用。

开尔文波主要是由于赤道西太平洋上空的信风张弛所激发出的向东传播的一种波动,它属于重力波,波速约为 250cm/s,它通过太平洋到达东边界的时间大约需要 2～3 个月,其作用是使东太平洋温跃层加深,而在该区形成距平意义下的暖水,即促使厄尔尼诺的发生。

在赤道东太平洋附近,海洋表面大气风应力旋度通过埃克曼(Ekman)效应使表层海水出现辐合或辐散,加强那里的下沉流或涌升流,从而在赤道激发向西传播的波动,即罗斯贝波。罗斯贝波是由于β作用引起的,其速度比开尔文波慢得多,通过太平洋所需时间约 1～2 年。

荡秋千时秋千的位置会随时间前后不停的交替变化,时而荡到最前端,转眼又荡回到最后端,如此往复构成一次又一次振荡(循环)。其实,海洋和大气中也存在一些类似的循环现象。我们知道,ENSO 是热带海洋和大气相互作用的一种表现。由于海洋和大气相互作用的复杂性和两者之间的相互制约,使得 ENSO 现象具有明显的循环特征,因而也称为 ENSO 循环。ENSO 循环在海洋中的两个极端状态是厄尔尼诺(异常暖状态)和拉尼娜(异常冷状态)，两个状态的转化就构成了ENSO循环。ENSO循环一般3～7年完成一次循环过程。

为什么会出现ENSO循环以及它是如何维持的呢？由于ENSO循环是海洋和大气相互作用的产物，为了揭示它的形成机制，用于数值模拟和理论研究的各种海气耦合模式相继诞生。科学家们利用海气耦合模式，成功地模拟了ENSO循环过程，并对ENSO循环的机制给出了解释。

海表以下几米到几百米深的海洋内部，存在我们肉眼看不见的波动。要深刻理解ENSO循环，就离不开对这些ENSO循环海洋内波的了解。由于海洋和大气的相互作用，在海洋中激发产生了两类波动，即开尔文波和罗斯贝波。这两类波在ENSO循环过程中起了十分重要的作用。以巢纪平为代表的我国科学家利用海气耦合模式深入研究了ENSO循环的动力学过程，并取得了可喜的研究成果。

研究指出，一次ENSO循环过程大致包括四个阶段：异常暖状态的出现和加强、异常暖状态的减弱和正常状态的恢复、异常冷状态的出现和加强以及异常冷状态的减弱和正常状态的恢复。

第一阶段和第三阶段是依靠海洋和大气中的正反馈机制实现的。这种正反馈机制是不稳定海气相互作用，即赤道东太平洋海温增暖引起该海域中上翻流减弱及其西侧大气中纬向向东气流增强，增强的向东气流再通过对洋面的动力作用激发产生出海洋的暖性开尔文波，并向东传播；当开尔文波从西太平洋传播到东太平洋时，又会进一步使这里的海温增暖。经过如此不稳定海气相互作用，赤道中、东太平洋海温增暖强度不断加大，范围不断扩展，最终形成典型的厄尔尼诺事件。反之，当赤道东太平洋海温开始偏冷时，在反向的正反馈机制作用下，则使ENSO的异常冷状态发展，即形成典型的拉尼娜事件。

第二阶段和第四阶段是依靠海洋和大气中的负反馈机制实现的。第二阶段的负反馈过程主要是在海气耦合不稳定充分发展到厄尔尼诺事件的盛期之时，海气耦合相互作用还激发产生一种向西传播的冷性罗斯贝波，它一方面可以使西太平洋的海表温度降低，同时它在西海岸反射后形成反向即自西向东的海洋冷性开尔文波，并东传穿越太平洋到达东部，从而减弱那里的海表温度。因此，东部原先的通过海气耦合不稳定充分发展形成的暖异常减弱，甚至转换到冷异常，不过这种冷性开尔文波的到来有一个滞后或延迟。第四阶段的负反馈过程的机制与此相类似，同时也存在滞后或延迟的现象。

通过上述赤道海洋波动的传播，赤道太平洋东部海温变化就会产生一种冷—暖—冷—暖的循环。其中，冷态和暖态的发展机理是基于海气耦合不稳定假说（正反馈机制），而冷态和暖态的恢复机理则是西边界波反射的延迟效应（负反馈机制）。这种延迟效应产生的海表温度振荡，可以比作物理上的一种“延迟振子”，因此也称之为“延迟振子”理论。

另外，一些科学家还发现ENSO循环是多种时间尺度的波动共同作用所形成的。这些波动主要可分为三种时间尺度：40个月（LF）的主周期以及18～20个月（QB）和12个月（AC）的次周期。这些发现与近年来观测的ENSO变化事实是一致的。其中QB主要是由海气耦合系统中的线性部分决定的，是最不稳定的本征模态，它在水平分布上具有典型的ENSO结构特征。LF是非线性系统的自激振荡现象，其形成是QB过程通过非线性机制产生的周期加倍所致。AC本质上不能对ENSO循环的形成有影响，但它可以明显地影响ENSO循环的具体强度和位相。由于AC尺度和QB尺度不完全成倍数关系，因而使得ENSO循环具有明显的不规律性，有的发展强、持续时间长，而有的发展弱、持续时间短。

地球自转与厄尔尼诺

海洋和大气都是地球整体的组成部分，信风的减弱和赤道中东太平洋海水温度的升高都是发生在地球表面的地球物理现象。因此，人们很容易想到，这些地球物理现象的形成是否与地球运动规律（如地球自转速度）的变化有关呢？事实上，科学家们已经关注过这一问题并且给予了肯定的回答。

通过对近几十年厄尔尼诺事件与地球自转速度的关系研究发现，所有厄尔尼诺都发生在地球自转速度减慢最大的年份或附近。进一步对地球自转速度的月变量（为相邻年同月的数值之差）的研究发现（图 3.8）：厄尔尼诺发生过程中海温迅速增暖时段大多数出现在地球自转速度急剧减慢期间之后或同时。另外，还发现两者在 3.3 年的周期上关系最为密切，海温比自转落后 14 天，南方涛动也比地球自转落后 7 天。

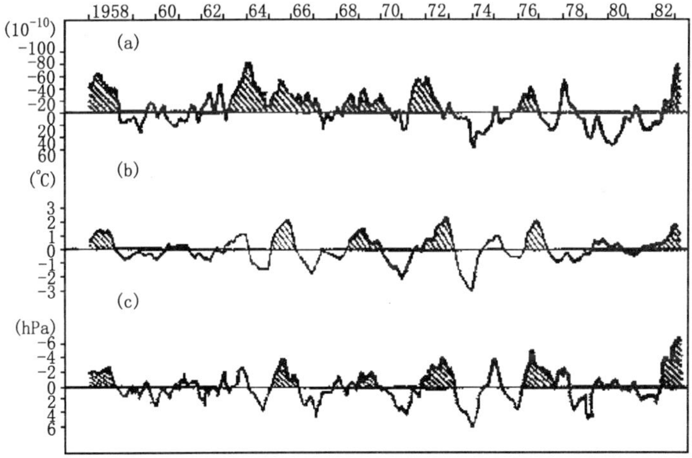

图 3.8　地球自转(a)、东太平洋赤道海温(b)、南方涛动(c)月变量演变
（引自任振球等，1986）

科学家们进一步指出，地球自转速度的变化可使大气纬向流速和洋流纬向流速产生变化，并分别较地球自转速度放大 6 和 4 个量级，且方向相反，即地球自转自西向东，而大气纬向风和洋流纬向分量的变化则自东向西。地球自转变化对海洋和大气的这种

地球自转

地球绕地轴自西向东的旋转运动，称为地球自转。它是地球的一种重要运动形式。

地球自转以一日为周期，由于参考点不同，自转周期长度不一，可有恒星日、太阳日和太阴日之分。以同一恒星连续两次通过同一子午线的时间间隔为一恒星日。若以太阳为参考点就称为太阳日，而以月球为参考点则称为太阴日。三种周期中恒星日是地球自转的真正周期，一恒星日为23时56分4秒(平太阳时)。地球自转速度，有角速度和线速度两种。地球自转平均角速度除两极点外，到处都是每日360°，每小时15°，每秒7.292×10^{-5}rad。但线速度随纬度的不同而异，赤道上的线速度最大即每秒465m，越向高纬度则线速度愈小：到纬度60°处几乎减少一半，而到两极点线速度为零。

地球自转速度并不是固定不变的。同时由于日、月、行星的引力作用以及大气、海洋和地球内部物质的各种作用，致使地球自转轴在空间所指的方向和地球两极在地表的位置都要发生变化，即岁差、章动、黄赤交角变化和极移。

由于地球自转运动，产生了日、月、星辰的东升西落现象、昼夜的更替以及由此而引起的地表各种过程的周日变化(如大气物理过程的日变化)，使得在地面上作水平运动的物体发生偏转(北半球向右，南半球向左)等，并造成同一时间内在不同经线上具有不同的地方时间。

作用主要发生在低纬度地区。例如，在厄尔尼诺时期由于地球自转减慢，在南北纬10°的低纬度地区，海水可获得0.5cm/s的向东相对速度，而大气可获得1m/s的向东相对速度。这些估计值是对于整层海水和整层大气而言的，且低纬度海水得到的向东相对速度已达全球洋流的平均流速2cm/s的四分之一，可见其效应是不小的。

综上所述，地球自转变化对厄尔尼诺的形成机制可归纳如下：地球自转大幅度持续减慢，使赤道附近海水和大气获得较多的向东角动量，引起赤道信风减弱而使赤道向西的洋流减弱，从而导致赤道东太平洋涌升流减弱并最终造成赤道中、东太平洋大范围海表温度异常增暖的厄尔尼诺现象。

海底火山爆发与厄尔尼诺

一些科学家还关注了火山爆发、地震与厄尔尼诺的形成之间的联系，并认为这些因素对厄尔尼诺的产生也可能有重要影响。这些研究中，关于海底火山爆发与厄尔尼诺的关系探讨较多。

近代海底探测表明，在太平洋东部 180°～90°W 范围内是一条近似南北向的海岭，海岭中央有一条很深的中脊裂谷。地下岩浆顺中脊裂谷上侵形成新的海底，因而沿中脊裂谷有剧烈的海底火山和海底热液喷发活动，是地热释放的窗口。研究结果告诉人们，一些强的厄尔尼诺可能与这一地区的海底火山爆发有关。

火山喷出物不仅对海温产生影响，而且在火山喷发前后，上涌的岩浆可沿狭窄的裂缝水平侵入达数百公里，火山喷发区周围相当大的地区地热扩散都会增加。例如 1982 年在厄尔·奇冲火山以西的太平洋中脊发生的强烈海底热液喷发活动中，从海底喷出的海水温度高达 380±30℃，因此海温的最大增暖中心一般会首先出现在这些火山喷发区或海底热液区附近。在火山或热液活动区形成的暖水团，沿洋流方向移动、扩散及合并加强就可能发展成为厄尔尼诺。例如，1982～1983 年和 1986～1987 的强厄尔尼诺都似乎与前期的海底火山爆发有关。

1986 年 1 月 19～23 日，福德冈之场（24°N、142°E）海底火山喷发，从海底喷出的黑色水柱高出水面 400～500m。当月太平洋海表温度的最大增暖中心之一正好出现在这一海域及其附近。同年 8 月开始，在 25°N、130°W 海底有一强热液活动爆发，使得这一海域的海表温度较常年异常偏暖，当年 10～11 月暖中心强度超过常年值 3.1℃。这一暖水团沿加利福尼亚洋流向南伸展与热带太平洋热液活动区暖水团连成一片，使整个东北太平洋强暖水团沿北赤道流向西南伸展与福德冈之场海底火山区东移的暖水团东北-西南向连成一片，然后在赤道附近逐渐向东南方向扩展，发展成为1986/1987年的强厄尔尼诺事件。

自皮叶克尼斯发表ENSO是热带大气和海洋相互作用这一著名观点后，厄尔尼诺的理论研究越来越受到重视，特别是近20年关于厄尔尼诺形成的理论与推测不断涌现。我们知道，厄尔尼诺的发生、发展、消亡及再现是一个有3～7年非严格周期的循环过程。客观来讲，上述理论或推测一般都只能解释ENSO循环过程的某些特定阶段，如厄尔尼诺(拉尼娜)的发生、发展或消亡，换言之，到目前为止科学家还没有完全弄清楚其中的原因和机制问题。尽管如此，这些理论或推测对于我们科学地了解和认识厄尔尼诺现象是非常有益的。

概括来说，关于厄尔尼诺形成的机理主要包括信风张弛、季节内振荡、强寒潮、印-太海气齿轮式耦合、ENSO循环、地球自转以及海底火山爆发等理论和推测。借助于海气耦合模式，前五种理论已经得到数值模拟的支持，而地球自转和海底火山爆发两种推测目前主要还只是建立在分析的基础之上。

对信风张弛、季节内振荡、强寒潮、印-太海气齿轮式耦合和ENSO循环等理论的比较分析，不难发现它们之间存在着深刻的相互联系，其理论核心甚至是相通的。强寒潮理论指出，东亚冬季风的频繁活动将引起热带中、西太平洋地区的信风减弱和大气季节内振荡增强，并通过信风减弱和大气季节内振荡增强来影响厄尔尼诺的发生和发展。可见，强寒潮理论是依赖于信风张弛和季节内振荡理论的。印-太海气齿轮式耦合理论的核心是印度洋上空的季风纬向环流和太平洋上的沃克环流之间通过齿轮式耦合方式相互作用，季风纬向环流异常通过引起沃克环流的异常，最终影响厄尔尼诺的发生发展；本质上沃克环流的异常对海洋的作用是以信风张弛的形式表现出来的，因此，该理论是在一定程度上可以认为是信风张弛理论的扩展和延伸。季节内振荡理论又表明，是季节内振荡的年际异常通过减频增幅来激发厄尔尼诺的发生，而其中的一个重要环节是季节内振荡异常需要首先引起信风的减弱，然后才激发厄尔尼诺的发生。因此，该理论与信风张弛理论密不可分，甚至可以说依赖于信风张弛理论。信风张弛理论告诉我们，从表象上看，信风的张弛可以直接引起洋流的改变，从而导致赤道太平洋海表温度结构发生变化；而本质上，信风的张弛是通过激发海洋中的开尔文波并通过开尔文波和海气耦合作用产生的罗斯贝波共同作用来制约厄尔尼诺的发生和发展的。ENSO 循环理论更是明确指出，ENSO 循环是通过海洋中的开尔文波和罗斯贝波在海气耦合系统中以正、负反馈机制的方式共同作用才得以维持的。可见，这些厄尔尼诺的形成理论是以开尔文波的波动理论作为核心的，而信风、季节内振荡、印度洋的季风纬向环流和强寒潮都只是一些激发产生海洋中开尔文波的大气信号。

其实，一次厄尔尼诺的产生可能同时是多种因素共同影响的结果，1990 年代初众多 ENSO 预测模式的失败就是一个很好的证明。

同时也应该看到，上述理论还并不是十分成熟的，有的甚至并未得到广泛的认可，还需要更深入的研究来支持。黄荣辉认为：海气相互作用动力学的研究还应集中在以下几个方面：

1）从观测事实来弄清热带超大型云团的结构、特征以及它对赤道西风爆发的作用，从而弄清热带超大型云团在 ENSO 事件发生中的作用。

2）由海气耦合的动力模式，从海气相互作用的不稳定性来揭示 ENSO 循环的动力机制，并利用数值模式来模拟 ENSO 循环，从而预测 ENSO 事件产生。

3）不同时间尺度、空间尺度系统的相互作用对 ENSO 事件产生的作用，即几天的超大型云团、30～60 天的季节内振荡、准两年振荡(QBO)的相互作用对 ENSO 事件产生的作用。

4）热带西太平洋海气相互作用对 ENSO 事件产生的作

用。

总之，目前关于ENSO形成及其形成理论的研究正在深入，这个研究课题正在吸引着全世界的气象学家、海洋学家，弄清ENSO循环的物理机制可能已为期不远。

第四章

全球气候变化与厄尔尼诺的关系

沃克环流与哈得来环流

平均大气环流反映的是大气在特定时间内的一种平均运动状态，从分布上大致可分为水平环流、等要素面环流和垂直环流。沃克环流与哈得来环流是低纬度地区两个最重要的垂直环流，由于它们的变化与厄尔尼诺事件有密切关系，在此对它们扼要地进行介绍。

沃克环流是近赤道地区的一种准纬向垂直环流。由于沃克环流主要是因为下垫面热力分布不均匀所引起的，因而它属于一种热力直接环流。正常情况下，如图 4.1 所示，太平洋大气低层为偏东信风；太平洋西侧靠近赤道的地方，海表温度很高，被称为“暖池”。对于其上方的空气而言，西太平洋暖池是一个大的热源，空气被加热后产生上升运动，形成对流，极易于成云致雨。暖空气上升过程中逐渐变冷，到达大气高空后在太平洋东西两侧气压差的作用下向东移动，最后，冷而干的空气在东太平洋下沉。这样一来，高层为偏西风,低层为偏东风,构成了闭合的环流圈——沃克环流。它是由皮叶克尼斯1969年首先提出的,鉴于这环流是气象界前辈沃克提出的"南方涛动"机制的一个重要部分,所以将它命名为"沃克环流"以资纪念。此后,又被称为Bjerknes—Walker环流。在太平洋地区,其上升支和下沉支平均来说分别位于120°E和90°W附近。后来,Flohn(1975)推广了皮叶克尼斯的设想,提出除太平洋存在沃克环流外,在南美亚马逊暖中心与西非冷水上翻区之间也有一个类似的纬向环流圈。同时在冷的西印度洋(包括索马里上翻区)与降水丰沛的东南亚之间也存在一个纬向环流圈,但此环流圈与太平洋及大西洋的环流圈方向相反,称为反沃克环流。这些环流常被看作是准静止超常波的纬向分量。

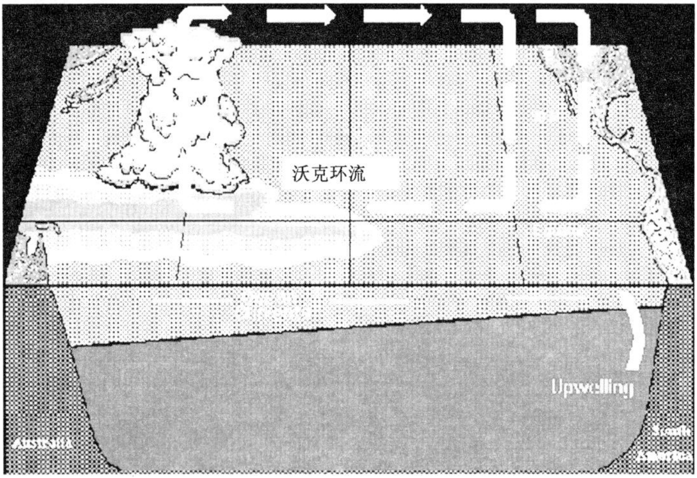

图 4.1　通常情形下太平洋上空沃克环流示意图
(引自美国 NOAA 网站)

哈得来环流是指位于赤道至30～40 °N(S)之间的平均经圈环流。在两半球,平均经圈环流中几乎赤道对称地各有三个环流圈,在气象上称为三圈环流。图4.2给出的是北半球的三圈环流示意图，从南向北依次是哈得来环流、费雷尔环流和极地环流圈，哈得来环流是三圈环流中最强的一个。

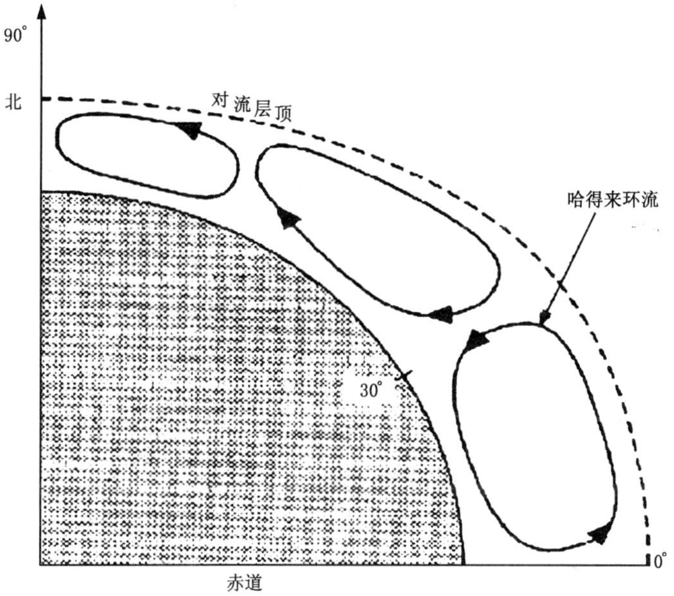

图 4.2　北半球的三圈环流示意图

18 世纪，英国人哈得来在寻找信风环流的成因时提出的这一经圈环流概念，故因此而得名。在哈得来环流中，暖而轻的湿空气在赤道地区上升，然后在高空分别向两半球的副热带流动，经冷却到达副热带上空后较冷而重的空气下沉，以后在低空又流回赤道地区。这是由于太阳对地球表面的加热分布不均匀导致的，属于热力作用下而产生的直接环流。

哈得来环流的强弱随季节有很大变化。冬季的哈得来环流最强，北半球的哈得来环流总质量输送约为 230×10^6t/s；夏季北半球的哈得来环流很弱，且北移 10～20 个纬度，总质量环流锐减为 30×10^6t/s。从年平均的情况看，南半球的哈得来环流可以越过赤道，加强了那里的赤道辐合。由哈得来环流造成的各种物理量输送是维持东西风带和平均温度分布的重要机制之一。

沃克环流和哈得来环流是大气中两支重要的输送纽带。正是由于它们以及其它一些输送纽带对水汽、能量和角动量等物理量的输送作用，才使得不同纬度之间以及相同纬度的不同地区之间存在相互作用。沃克环流是大尺度加热场沿东西方向存在差异所形成，故其强度和范围受下垫面加热状况所约束。例如赤道东太平洋海面温度异常偏高时，太平洋区沃克环流西侧的上升支将东移到 170°W 附近并加强。这样，该经度附近哈得来环流也随之加强，向中纬度输送的质量和角动量增加，导致中纬西风和副热带高压也趋于加强，这是中纬度环流相互作用的一种表现。

遥　相　关

遥相关，又称大气遥相关或遥联，可简要地定义为相隔一定距离的气候异常之间的联系。虽然早在 17 世纪中期人们就开始了对远距离气候异常之间联系的研究，但“遥相关”这个词，首先是瑞典气象学家 Anders Angstrom 于 1935 年在其有关北大西洋地区气候研究的一篇论文中使用的。实际上，早在 20 世纪初，沃克在世界天气研究中，就已经发现了这种现象，并由此提出了三大涛动，只是当时没有使用这个名词。

气候系统中存在着大量的遥相关现象，这些气候异常在空间上可以相距遥远，在时间上可以同时或有先后。一般认为遥相关是由准定常行星波在球面大气中的传播及平均气流上的正压不稳定造成的。譬如从热带太平洋传播到大西洋需要 1 个月左右，这正是短期气候变化的一个具有物理意义的规律，所以吸引着气象学家的关注和研究。当然，这些遥相关关系并不是一成不变的，往往会随着时间的变化而变化。

三大涛动

20 世纪初，Walker 和 Bliss 通过对海平面气压场的研究，发现了大气中三个著名的遥相关：

北大西洋涛动：是指北大西洋地区副热带和副极地地区海平面气压场上南北方向的持续反相振动。主要与两个大气活动中心(亚速尔高压和冰岛低压)的年际变化相联系。

北太平洋涛动：是指北太平洋地区海平面气压场上南北方向的持续反相振动。主要与两个大气活动中心(北太平洋副热带高压和阿留申低压)的年际变化相联系

南方涛动：前面已经多次提到，它是指发生在东南太平洋与印度洋及印度尼西亚地区之间的反相气压振动，与厄尔尼诺存在密切联系。

大气环流的几种典型遥相关型

20 世纪 80 年代，Wallace 和 Gutzler 利用海平面气压与冬季 500hPa 高度场系统地计算了点相关，Gambo 和 Kudo 则对冬季 700hPa 高度场作了研究，他们发现大气环流的变化存在着以下几种遥相关型：

太平洋北美(PNA)型：北半球冬季经常出现的一种大气环流遥相关型。当热带和副热带太平洋高压加强，则位于阿留申地区的低压加深，北美西北部的脊加强，美国东部处于低槽控制，将造成美国严寒天气。这种流型的异常在赤道东太平洋海平面温度异常升高时表现尤其清楚。它们看上去像一群波列，而流型所在的地理位置相对固定。

西大西洋(WA)型：是指在相关图上存在于西大西洋及北美沿岸的南、北方向的一对偶极子结构。遥相关指数定义为：

$$WA=[Z(55°N,55°W)-Z(30°N,55°W)]/2$$

Z 是某格点的高度值。当 WA 指数为正(负)时，对应于西大

西洋上空急流弱(强),冰岛低压弱(强),且副热带高压也弱(强)。

东大西洋(EA)型:东大西洋型是指存在于北大西洋东部地区包括三个中心的遥相关结构。遥相关指数定义为:

$$EA=[2Z(55°N,20°W)-Z(25°N,25°W)-Z(50°N,40°E)]/4$$

当EA指数为正时,则北大西洋型中纬度上空500hPa高度场为高压,而在副热带大西洋及西欧上空的高度场是低压。若EA指数为负时,其高度场的分布正好相反。

欧亚(EU)型:是指北半球冬季欧亚大陆上空700hPa大气环流存在的西北欧、乌拉尔地区和东亚呈现正负正的遥相关结构。它反映出,当一个行星尺度的高压脊在斯堪的纳维亚半岛发展时,位于西伯利亚上空的槽要加深,而在我国东北、日本一带的高度场呈现正距平。

西太平洋(WP)型:在西太平洋上空的南、北方向也经常存在着一个类似于西大西洋型的遥相关结构。遥相关指数定义为:

$$WP=[Z(60°N,155°E)-Z(30°N,155°E)]/2$$

当WP指数为正时,阿留申低压弱,日本上空急流也弱。相反,当WP指数为负时,阿留申低压强,日本上空急流也强。

与ENSO相关联的大气环流异常

厄尔尼诺发生期间对大气环流会产生怎样的影响,是否会出现某些特定的大气环流异常呢?这是一个富有吸引力的课题,科学家们对此展开了大量的研究。

研究发现,在1976～1977年的厄尔尼诺发生期间,1976年12月至1977年2月北半球大范围产生大气环流的持续性异常,在美国中部与东部遭受了严重的寒潮及暴风雪的侵袭,气温比常年低10℃左右,与此同时,北美的北部却出现了比常年高12℃的高温。此外,日本北海道及其以东地区也出现了比常年低4℃左右的低温,同样的现象也在我国东北出现。图4.3是利用纬向波数1～3

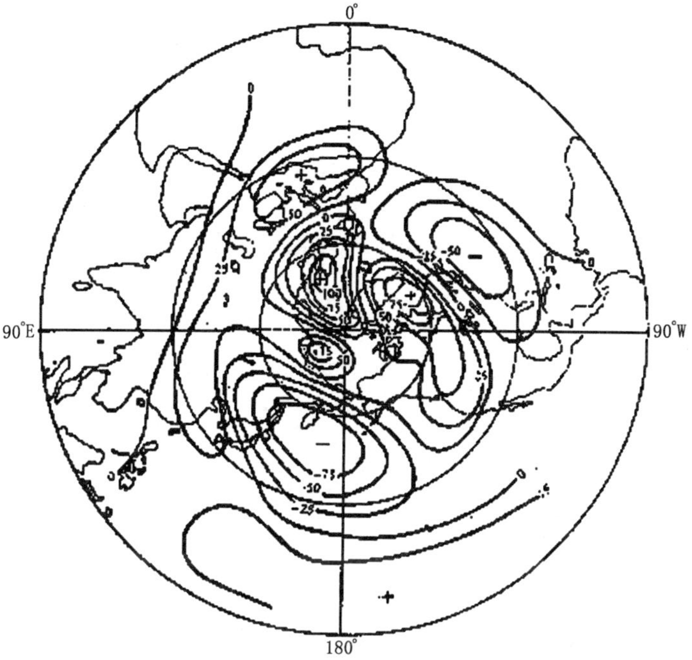

图 4.3 1976 年 12 月至 1977 年 2 月北半球 500hPa 高度距平分布
(单位:10m)(引自黄荣辉,1986)

波合成而得到 1976 年 12 月至 1977 年 2 月北半球 500hPa 高度异常的实际距平分布,可以看到,在中纬度太平洋地区是负距平区域,这个负距平一直延伸到日本北海道,而北美北部是正距平区域,美国南部与东部是负距平区域,这正是 PNA 型大气环流的异常。

研究还发现,在 1982～1983 年厄尔尼诺发生期间,在相同的季节里北半球大气环流出现了类似的异常,特别是北太平洋地区及北美地区大气环流的异常。Shukla 和 Wallace 通过数值试验,也说明了赤道太平洋海温异常会引起北半球 PNA 型大气环流的异常。

厄尔尼诺对全球气候影响的基本过程

厄尔尼诺事件的发生，会给全球特别是热带地区带来气候异常，正如第一章里所指明的譬如西太平洋地区干旱、秘鲁及中东太平洋多雨、巴西东北部干旱等。厄尔尼诺对全球气候的影响在程度上是随地域变化的。在热带地区，尤其是热带太平洋地区，厄尔尼诺对气候的影响最为直接和强烈。在热带以外的地区，它对气候的影响是间接的、复杂的，它只是影响气候的因子之一。

那么，厄尔尼诺是如何影响全球气候的呢？以下我们从厄尔尼诺对热带太平洋地区气候、北美气候以及对东亚季风的影响等几个方面来认识一下厄尔尼诺对全球气候影响的基本过程。

热带太平洋地区

厄尔尼诺对热带太平洋地区气候的影响是直接的，它通过海表温度的改变直接加热或冷却大气，加强或抑制大气的对流活动，从而使降水异常偏多或减少。

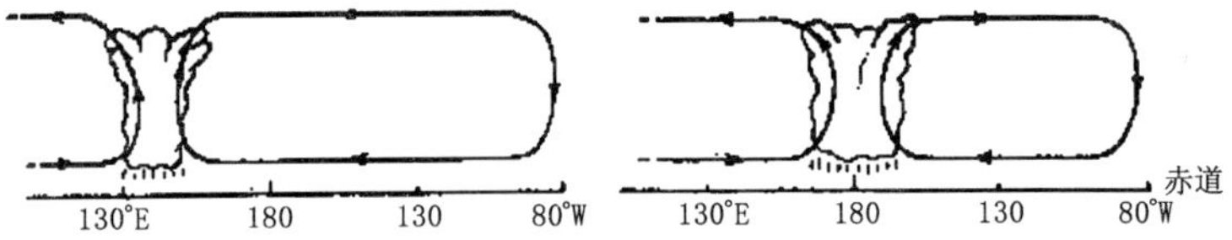

(a)正常情况　　　　(b)厄尔尼诺时的情况

图 4.4　厄尔尼诺对沃克环流影响示意图

(引自李崇银，2000)

通常(图 4.4a 所示)，在赤道太平洋西部，温暖而潮湿的海面源源不断地向其上空的大气输送着热量和水汽，使大气温度增高，上升运动加强，从而成云致雨，所以这一地区雨水丰沛，气候湿润，年降水量一般在 2000mm 以上；而中、东太平洋冷水域则使得其上空大气变冷，密度增大，下沉气流难以把水汽抬升到能够形成云和雨滴的高度。因此，这一带洋面通常云量很少，降水量只有500mm左右，常常形成干旱。

海水温度的微小变化，就会对大气产生巨大的影响。据估计，100m厚的暖水层降低0.1℃所释放出来的热量，足以使其上方的大气温度平均升高6℃，厄尔尼诺这样一个持续半年到一年甚至更长时间的大范围海水异常增温现象，无疑对大气产生不可估量的作用。

图4.4b显示，厄尔尼诺的发生，改变了整个热带太平洋冷暖水域的正常位置，使原来维持沃克环流的太平洋海温冷暖配置的分布削弱，进而造成沃克环流较常年减弱并东移，同时对流活跃区自热带西太平洋东移至中太平洋，并造成降水区东移，从而直接导致了环太平洋热带地区的气候异常。即使得中、东太平洋及南美太平洋沿岸国家异常多雨，甚至引起洪涝等灾害；也使得热带西太平洋降水减少，印度尼西亚、澳大利亚发生严重干旱。

拉尼娜发生时，整个热带太平洋冷暖水域的正常结构得到加强，使得沃克环流进一步增强，赤道信风增强，西太平洋的对流异常活跃，从而直接导致了环太平洋热带地区的气候异常：即使得西太平洋地区本来就多雨的印度尼西亚、菲律宾、澳大利亚东部等地的风暴和降水增多，容易引发洪涝灾害；而在中、东太平洋及南美太平洋沿岸国家本来就少雨的地区的降水更少，容易出现干旱。

北美洲

由于大气总是遵循着一定的规律、在各个方向上不停地运动着，形成了各种各样的环流系统，这些环流系统又相互作用和相互影响着。当厄尔尼诺发生时，整个赤道太平洋的大气环流都发生改变。这种大范围的变化，必然会打乱正常的秩序，除了直接影响热带特别是热带太平洋地区，使这一地区出现气候异常外，还会通过改变大气环流(如哈得来环流)(即使大气环流出现异常)，以遥相关的形式间接地影响到中高纬或环太平洋以外的热带地区，甚至给全球气候带来异常。

在本章的遥相关一节里我们已经了解到，赤道太平洋海温异常会引起北半球 PNA 型大气环流的异常。正是通过这种大气环流异常的纽带作用，才使得 ENSO 与环太平洋以外的其它地区的气候异常建立起了联系——“遥相关”。

图 4.5 给出了发生中等—强厄尔尼诺(a)和拉尼娜(b)期间 1～3 月份北半球典型的大气环流异常和北美气候异常。

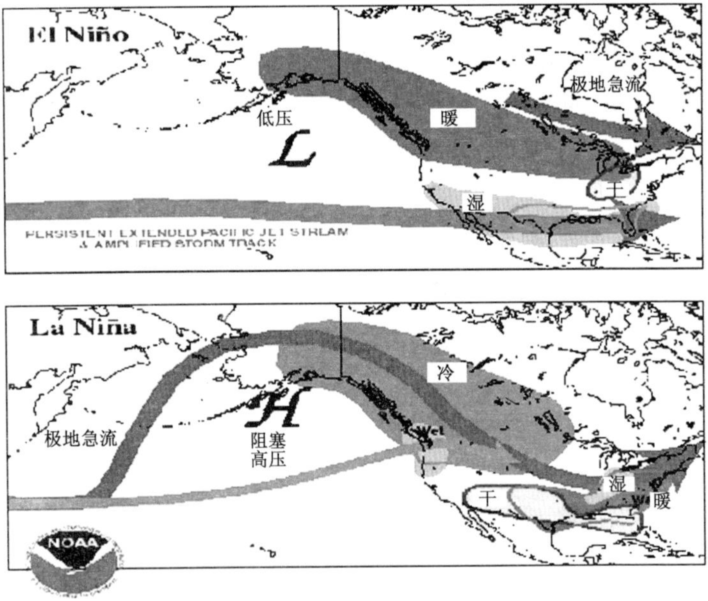

图 4.5　中等至强厄尔尼诺(a)和拉尼娜(b)期间
(引自美国 NOAA 网站)
1～3 月份北半球典型的大气环流异常和北美气候异常

可以看出，在厄尔尼诺事件的冬季，位于东北太平洋和北美上空的大气环流一般会出现四个与厄尔尼诺相关联的显著的变化特征：首先是东亚急流从日期变更线东伸并扩展到美国西南地区；第二个特征是存在一支贯穿美国的几乎呈西-东向的急流；第三个特征是有一条风暴路径从美国北部南移到南部地区；第四个特征是气旋生成源地向南和向东移至加利福尼亚西部。上述大气环流的异常引起了加利福尼亚与美国南部的风暴和降水偏多，而使美国北部风暴较常年偏少。与此同时在北美西部海洋暖性气团的入侵得到加强，并伴随来自加拿大的冷空气南下减弱。这些形势使得美国北部及加拿大西部出现暖冬。

拉尼娜事件的冬季，位于东北太平洋和北美上空的大气环流将出现三个与拉尼娜相关联的显著的变化特征：第一个特征是位于东北太平洋和北美上空的气候平均波型和经向环流明显增强；第二个特征是东北太平洋高纬度地区上空阻塞活动明显增强；第三个特征是进入美国西北部/加拿大西南部的东北太平洋南支急流的强度变化很大。与这些大气环流异常相伴随，北美洲中部的大部地区的风暴增多、降水增强、显著的寒潮爆发频率上升，而美国南部风暴和降水均减少。另外，由于这一时期大气环流的变化增强，使得冬春季整个北美洲中部的气温、降水和风暴的月际变化也趋于增大。

东亚季风区

ENSO 是年际气候变化的重要信号，ENSO 不仅给全球不少地方造成严重气候异常和灾害，同样对东亚季风的活动也有明显的影响。以下将从东亚夏季风和东亚冬季风两个方面分别进行探讨。

图 4.6 给出了 1970 年代以来几次典型的对厄尔尼诺和拉尼娜的夏季（6～8 月平均）850hPa 流场形势的合成图及其差值图。虽然在厄尔尼诺年和拉尼娜年东亚地区都仍为夏季风控制，但其差值图却可清楚地反映 ENSO 对东亚夏季风的影响。也就是说厄尔尼诺（拉尼娜）将对东亚夏季风有减弱（增强）作用，而拉尼娜的增强作用主要表现在长江以南地区。

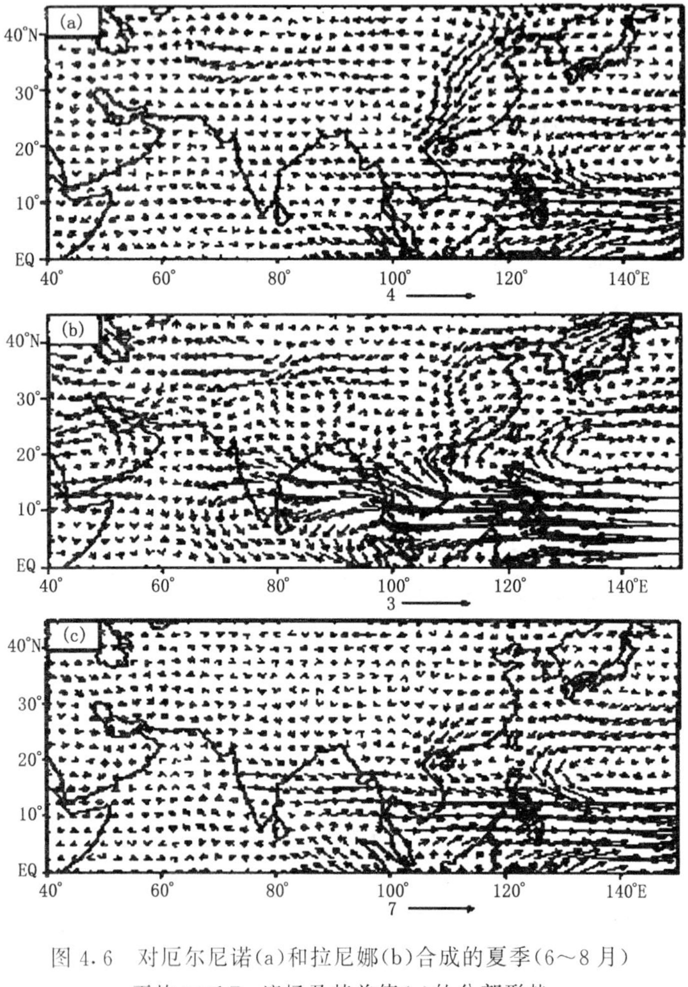

图 4.6 对厄尔尼诺(a)和拉尼娜(b)合成的夏季(6～8 月)平均 850hPa 流场及其差值(c)的分部形势
(引自王绍武,2001)

由于中国位于东亚季风区的主要区域内,东亚夏季风和冬季风的异常直接造成了中国气候的异常,ENSO 正是通过大气环流以“遥相关”的形式影响到东亚季风系统的每个成员(如西南季风、东北季风及西太平洋副热带高压等),并由此间接地影响中国的气候。

研究表明,厄尔尼诺对中国气候的影响主要表现在夏季。ENSO 循环的不同阶段,即赤道东太平洋海温的增强位相和减弱位相,中国夏季降水的分布趋势是不同的。图 4.7 给出夏季与前冬季赤道东太平洋海温距平差与中国夏季降水相关,由图可见:黄河与

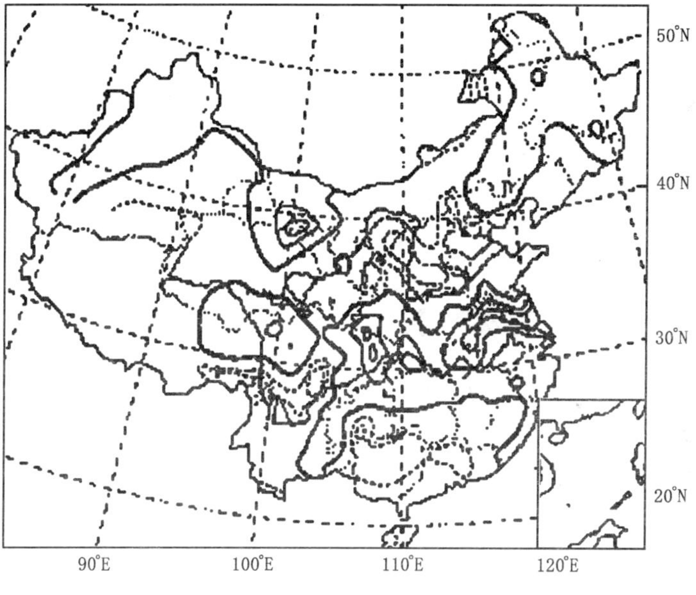

图 4.7　夏季与前冬季赤道东太平洋海温距平之差与中国夏季降水相关
(引自王绍武,2001)

长江之间的大部地区为正相关,华北到黄河中游一带及华南等地为反相关。这表明,从冬季到夏季,当赤道东太平洋海温呈上升趋势,即厄尔尼诺发展阶段或拉尼娜减弱阶段时,有利于江淮到黄淮一带多雨,华北、黄河中游和华南一带少雨,呈南北少中间多的降水分布型;反之,从冬季到夏季,当赤道东太平洋海温呈下降趋势,

即厄尔尼诺减弱阶段或拉尼娜发展阶段时，有利于江淮到黄淮一带少雨，华北、黄河中游和华南一带多雨，呈南北多中间少的降水分布型。

中国东北地区是我国的主要粮食产地之一，该地区纬度较高，作物生产期较短，因此夏季低温是一种重要的气候灾害。而资料分析表明东北地区的夏季低温同ENSO有密切关系。图4.8是1911～1984年期间对厄尔尼诺年和拉尼娜年分别平均的沈阳、长春和哈尔滨气温距平的年变化情况。可以清楚地看出，在厄尔尼诺年的夏季，三个地区的气温均持续负距平；而在拉尼娜年的夏季，均为持续的正距平。因此，可以认为，在厄尔尼诺年的夏季，中国东北温往往偏低；而在拉尼娜年的夏季，中国东北温多偏高。

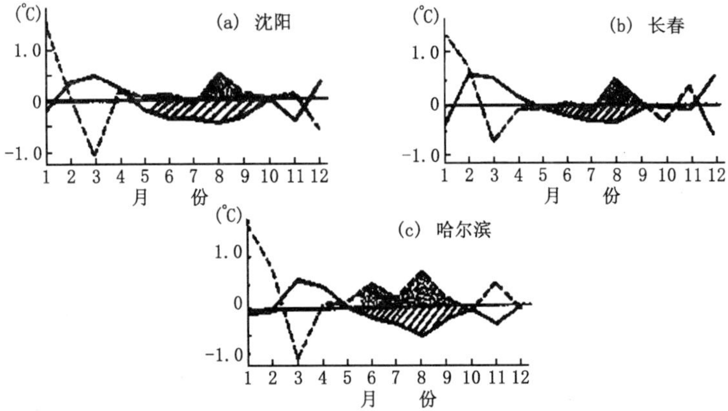

图4.8 厄尔尼诺年(实线)和拉尼娜年(虚线)平均的气温距平的年变化
(引自李崇银,2000)

台风是影响中国的主要灾害性天气系统之一，尤其是在夏半年，对中国天气气候的影响很大。资料分析结果显示，西太平洋(包括中国南海)台风活动同ENSO有极明显的关系。平均而言，在厄尔尼诺年，西太平洋海温较常年偏低，使得这一海域上空的对流活动较常年减弱，从而使台风活动较常年偏少；而拉尼娜年则正好相反，这时候西太平洋海温较常年偏高，使得这一海域上空的对流活动较常年加强，从而使西太平洋台风活动较常年明显偏强；并且在厄尔尼诺(拉尼娜)年，登陆中国大陆的台风数也偏少(多)。表 4.1 中第一行给出的是根据 80 年(1900～1979)台风资料统计的结果，第二行至第四行是 30 年(1950～1979 年)的统计结果。从图中可以清楚地看出，西太平洋和南海台风的数目，以及登陆中国大陆的台风数，都是在厄尔尼诺年偏少而在拉尼娜年偏多。

表 4.1　西太平洋台风活动与 ENSO

(引自李崇银，2000)

	多年平均	El Nino 年平均	La Nina 年平均
西太平洋(包括南海)台风总数	24.3	21.4	26.2
进入南海的西太平洋台风数	6.9	4.9	8.7
在南海生成的台风数	3.4	2.0	4.1
登陆中国大陆的台风数	6.2	5.2	7.4

东亚夏季风的活动及其异常受到多种因素的影响，包括海温异常(SSTA)，尤其是 ENSO，还有青藏高原积雪和中高纬度大气环流等。因此，我们一方面要认识和研究 ENSO 对东亚夏季风的影响，同时又绝不能将东亚夏季风及与之相伴的降水异常都简单归之于 ENSO 的作用。

东亚冬季风与 ENSO 之间存在相互影响关系。关于东亚冬季风对 ENSO 的影响在第三章中已有明确的阐述，即持续强(弱)东亚冬季风对厄尔尼诺(拉尼娜)有重要的激发作用；反过来，厄尔尼诺(拉尼娜)也会影响到东亚冬季风，具体的影响是：厄尔尼诺当年东亚冬季风削弱，而拉尼娜当年东亚冬季风增强。

厄尔尼诺(拉尼娜)对东亚冬季风影响的主要物理过程是大气环流的遥相关。一方面，厄尔尼诺(拉尼娜)年冬季，由于赤道东太平洋正(负)海表温度异常的强迫影响，不仅使北半球平均哈得来环流加强(减弱),而且也使中纬度的费雷尔环流加强(减弱),在35～65 °N将出现明显南(北)风异常以及向北(南)的异常热带输送,北半球中纬度地区纬向西风增强(减弱)和对流层低层的异常南(北)风都会不利于(有利于)冷空气向南爆发;另一方面,与赤道东太平洋的正(负)海表温度异常相对应,往往在赤道西太平洋有负(正)海表温度异常出现,从而在赤道西太平洋地区会出现反气旋性(气旋性)异常环流,在西太平洋近大陆海区产生异常偏南(北)气流,也对冬季风有削弱(加强)作用。也就是说,通过大气环流对赤道太平洋 SSTA 的遥响应,在厄尔尼诺冬季,东亚地区产生了不利于寒潮持续爆发的大气环流形势,东亚冬季风偏弱,中国容易出现暖冬;在拉尼娜冬季,东亚地区产生了有利于寒潮持续爆发的大气环流形势,东亚冬季风偏强,中国容易出现冷冬。

全球气候变化与厄尔尼诺的关系

全球气候变化事实

IPCC 第三次评估报告指出,在过去的一个世纪中,由于人类向大气中排放的二氧化碳不断增多,使得大气的温室效应不断增强。与此同时,全球平均温度增暖了约 0.4～0.8℃,20 世纪成为近 1000 年来最暖的一个世纪,1990 年代很可能是过去 1000 年中最暖的 10 年,其中 1998 年达到了全球平均气温的最高值(图略)。从地域分布上看,虽然全球绝大部分地区的气温均呈上升趋势,但是温度上升最强烈的地方出现在北半球中高纬度的大陆上,而北大西洋、中国的西南地区、美国东南部以及非洲的部分地区,温度甚至有所下降。近百年来全球温度的增暖主要发生在两个时期:一是 20 世纪 10 年代到 40 年代;二是从 70 年代后期开始到现在。前一时期增暖的主要区域是北大西洋、北美大陆及其附近地区。但在 40 年代后期到 70 年代中期,北半球大部分地区的温度却略有下降。自 1976 年以来,北半球中高纬度地区气温急剧上升,其中冬季气温的增加幅度比夏季的增加幅度要大得多,大陆的增温幅度比海洋大。

在气候变暖背景下,20 世纪全球大部分地区的年降水量也是增加的,北美大陆、澳大利亚和南美洲南部降水百分率增加得最多,整个非洲大陆主要呈现明显的变干趋势,降水百分率减少最多的地区在撒哈拉地区和南美洲南部太平洋沿岸地区。

在全球气候增暖的背景下,中国的平均气温也在升高,如图 4.9 所示,近 100 年来中国的气温上升了 0.5℃左右,其变化趋势总体上与全球的平均气温的变化趋势相一致。20 年代到 40 年代我国气温持续升高,50 年代到 80 年代初气温有所下降,80 年代中期开始又持续增温。从 1950 年开始,我国有较完整、较全面的气象资料,分析结果反映出近 50 年我国北方地区的气温呈显著上升趋势,华北和东北地区的增温幅度最大,达到 0.4～0.8℃/10 年左右,长江流域和西南地区气温略降,南方大部分地区没有明显的冷暖趋势。近 50 年来华北地区降水量趋于减少,长江流域和西北地区降水量呈上升趋势。鉴于各地气候差异大,年降水总量的变化无法反映气候变化的全貌,因此,相对于当地多年平均来说,降水百分率增加最多的地区在新疆南部,达到 15%/10 年。

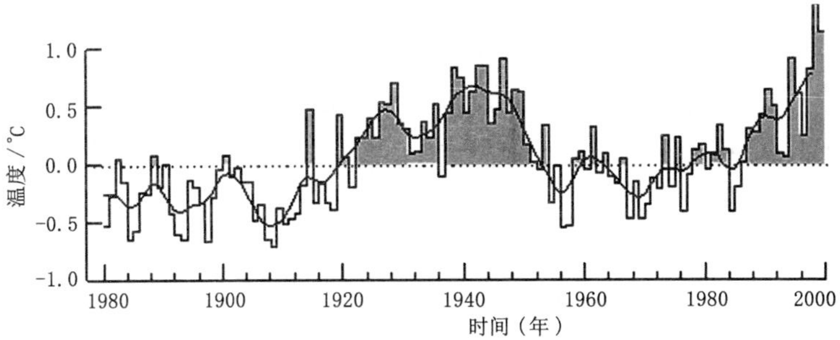

图 4.9　1880 年以来中国的地面温度变化

(引自王绍武,2001)

厄尔尼诺对全球气候变化的贡献

从前面的阐述可见,近百年来的气候变化最突出的特点是显著的增暖趋势。科学家们的研究表明,这一增暖趋势特别是近 50 年的气候变暖可以主要归因于人类活动(即温室效应增加)的影响。但是,除了温室强迫外,是否还有其它的影响因子呢?

针对全球气候变化问题,许多科学家从研究角度开始重视气候系统内的自然变化问题。通过用 1935～1996 年环流因子(NAO,SO)拟合的 20～90 °N 北半球 12～3 月气温,Hurrell(1996)指出最近北大西洋海表温度(SST)的变冷及欧亚大陆的变暖,几乎全可由北大西洋涛动变化来解释,而北半球中高纬地区年平均气温年际变率的近三分之一也可由北大西洋涛动变化得到解释;Yulaeva 和 Wallace(1994)发现全球低纬和中高纬对流层温度都与 ENSO 有很好的对应关系,只是气温响应时间比 ENSO 约落后 3 个月,而且低纬响应幅度大,中高纬响应幅度小。Wallace 等(1995,1996)认为 IPCC 所评估的最近的加速增暖部分主要是由 ENSO 和北大西洋涛动的年代际变化分量所造成的。因此,1970 年代以来的全球变暖,可能与北极涛动处于强西风位相以及厄尔尼诺处于多发期有很大关系。图 4.10 是赤道东太平洋 Nino 3 区(5 °S～5 °N,150～90 °W)海温指数的演变图,可以看出,20 世纪 80 年以后赤道东太平洋海温有明显的上升趋势,这与全球变暖是一致的。根据近百年来温度和 ENSO 指数资料的分析,发现 ENSO 对热带、热带外地区及全球温度有显著影响,但主要是年际时间尺度上变率的影响。这一观点可以从可能是近 1000 年来全球最暖的年份 1998 年正好与有观测以来最强的厄尔尼诺出现在 1997/1998 年相巧合这一事实进一步得到证实。

近百年资料表明 ENSO 能解释同期全球年平均温度方差的 14%～16%左右。如果考虑 ENSO 对温度影响滞后 1～3 个季的特征后,则 ENSO 对全球年平均温度方差的解释率能达到

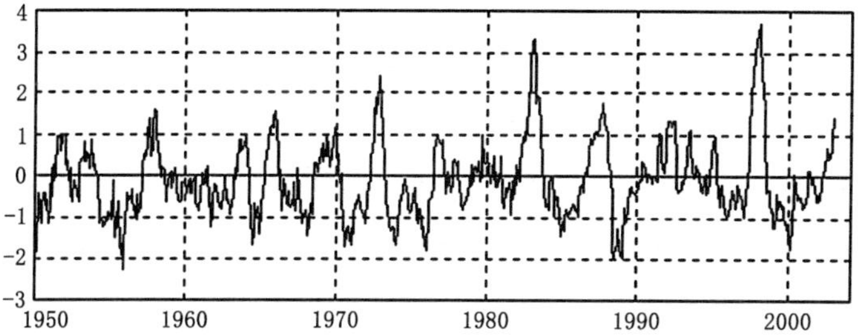

图 4.10 赤道东太平洋 Nino 3 区(5 °S～5 °N，150～90 °W)海温指数演变

20.6%。ENSO 对全球温度的影响还有明显的季节差别，12～2 月和 3～5 月的影响最大，能解释温度变化的 27.8%和 23.8%，6～8 月及 9～11 月则较低，分别只能解释 18.1%和 15.8%(龚道溢和王绍武，1999)。下面将具体看几个强厄尔尼诺对气候的影响。

1972～1973 年的厄尔尼诺期间，澳大利亚、印度尼西亚、巴西、中美、印度及非洲部分次撒哈拉地区，出现了分布广泛的严重干旱，而在肯尼亚、巴西南部、厄瓜多尔部分地区及秘鲁则发生严重洪涝，秘鲁的渔业甚至出现了崩溃。正是这次厄尔尼诺事件促使人们开始更多的关注厄尔尼诺事件及其直接或间接影响。

上个世纪强度排名第二的 1982～1983 年厄尔尼诺事件的影响在第一章里已作了详细回顾。它对气候的影响除了表现出典型的严重气候异常以外，干旱还波及斯里兰卡、菲律宾、印度南部、墨西哥甚至夏威夷；而且一些气候异常还创下了许多新的历史记录：例如最强的台风、最强的降水、最严重的暖冬、最长的干旱和最少的登陆美国东部的飓风等。1982～1983 年厄尔尼诺事件引起了媒体的广泛关注，使得厄尔尼诺现象在一些国家如美国成了家喻户晓的话题。

有记录以来最强的 1997～1998 年厄尔尼诺事件的影响在第一章里也已作了详细回顾。一些令人惊心的气候异常事件依然让人记忆犹新：1997 和 1998 年连续两年全球气温创下历史新记录、

1998年中国长江流域发生了百年不遇的大水、东南亚及澳洲干旱肆虐并分别发生非常严重的森林大火。然而，预期中的与厄尔尼诺有关的几个遥相关现象却没有发生：在印度，季风并未减弱，它反而带来过多的降水，致使北方1998年经历了60年来最强的季风雨袭击并造成2600多人死亡；在非洲南部，干旱并未发生，却迎来了充沛的雨水。

从前面的分析可以看出，气候异常每年都会出现，但厄尔尼诺的发生无疑会加重这些气候异常的严重程度及其广泛性，特别对那些强的厄尔尼诺来说这种作用更加明显。

全球气候变暖与厄尔尼诺频繁发生

IPCC第三次评估报告中指出，1986年工业化以来，主要由于人类活动的影响，全球地面气温(陆地和海面近表层气温的平均值)在不断增加。人们利用大型计算机对未来气候的不同预测情景表明，由于大气中以二氧化碳为主的温室气体浓度仍然在不断增加，未来100年内全球平均气温仍将继续增加，增温范围估计将达到1.4～5.8℃，这很可能是过去1万年内所没有过的。

分析及模式的情景预测表明，气候变暖会导致许多极端天气气候事件的增多。在几乎所有的陆地，非常可能出现酷热日数和热浪增多，而寒冷日数和霜冻日数减少；极端降水事件的量级和频率在许多地区非常可能上升，而且极端降水事件的间歇期预计将缩短。

在全球的许多地区，厄尔尼诺事件是同极端气候异常相联系的。那么，气候变暖会对厄尔尼诺产生什么影响呢？要对这一问题给出明确回答目前可能还为时尚早，但是，模式的情景预测中已经提供了一些有意义的结果，这对于认识这一问题是很有帮助的。

多数模式对平均气候状态的预测结果显示，在热带太平洋将出现更类似厄尔尼诺的平均状况，这意味着将出现更频繁的厄尔尼诺。与之相伴随，赤道中、东太平洋海表温度将较赤道西太平洋变得更暖而且相应地降水型将东移。在热带地区，厄尔尼诺的气候效应将加强，其结果是湿润的地方将变得更湿，而干燥的地方将变得更干。即使厄尔尼诺强度只有微小的变化或不发生改变，全球变暖也可能导致更严重的干燥和暴雨，而且使得许多不同地区与厄尔尼诺事件相关的干旱和洪涝的风险增加。

如何科学看待厄尔尼诺现象

近年来“厄尔尼诺”一词频繁见诸各种媒体，曾出现过一些过分渲染其负面影响的报道，在社会上造成了一定的不应有的恐慌，甚至出现一些“谈厄色变”的现象。其实，从第一章对厄尔尼诺影响的介绍中我们已经知道厄尔尼诺也有其正面影响，如使秘鲁沿岸喜欢暖水的鱼类数量增多、一些干燥的地方因雨水的增加而充满生机。

无论从发生的机制或其可能的影响来看，厄尔尼诺都是一种自然现象。怎样才能尽量做到科学地看待厄尔尼诺呢？我们认为应该注意以下几方面问题：

1. 厄尔尼诺是 ENSO 循环的一部分

人们需要了解的是，厄尔尼诺只是 ENSO 循环的一个部分，ENSO 循环还包括异常冷水状态——拉尼娜。在过去 20 多年里，由于拉尼娜事件少于厄尔尼诺事件，加上它的影响较之厄尔尼诺要小，因此，人们对拉尼娜的关注不太多。这些偏离平均状态的异常暖水状和异常冷水状，其实都是全球气候系统中的自然现象，都是全球气候系统中不可分割的一个部分。

2. 厄尔尼诺期间发生的全球气候异常并不都是由厄尔尼诺引起的

存在这样一种倾向，就是人们常把在厄尔尼诺期间发生的任何事情，都与厄尔尼诺联系起来。这其实是一种误导。全球只有热带地区，特别是环太平洋热带地区的气候异常是直接由厄尔尼诺引发的，甚至在这些地区，不同厄尔尼诺事件造成的影响也不尽相同。至于其它地区的气候异常，即使被认为与厄尔尼诺有关，一般情况下主要是间接地或部分地受其影响，另外则可能是一种猜测，还需要别的证据来证明。

3. 厄尔尼诺对社会和环境也存在着正面影响

这一点在前面已多处提及，在此不再赘述。

4. 未来的厄尔尼诺事件继续会有令人吃惊的事情发生

从 20 世纪 70 年代中后期开始，科学界才真正把厄尔尼诺当作一种发生于太平洋广阔海域的现象。我们既没有目睹到厄尔尼诺形成的所有方式，也没有见到它们影响社会和生态系统的全部形式。因此，每一次新的厄尔尼诺的发生，都可能在发生时间、频率或影响强度上，让我们对厄尔尼诺增加新的认识。

5. 预报厄尔尼诺不同于预报厄尔尼诺产生的影响

我们已经知道，厄尔尼诺的发生必然会造成一些共性的影响，如东太平洋地区多雨而西太平洋地区干旱。但是，由于厄尔尼诺事件之间在发生时间、强度、爆发类型等方面存在差别，因而每一次新的厄尔尼诺带来的影响都会不同程度地表现出它的不同之处。因此，预报厄尔尼诺不同于预报厄尔尼诺产生的影响。

第五章

厄尔尼诺的监测和诊断

厄尔尼诺观测资料的采集

热带海洋—全球大气计划(TOGA)

这是世界气候计划(WCRP)发起和实施的十年计划(1985～1994),重点对季到年际的气候变率进行研究,主要包括以下三个目的:

1. 能够更好地把热带海洋和全球大气作为一种时变系统进行描述,以确定该系统在月到年时间尺度上的可预报程度,并了解和确定这种可预报型的机制和过程。

2. 研究耦合海洋和大气系统进行数值模拟的可行性,以预报其月到年的时间尺度的变率。

3. 如果耦合海气系统显示出具有预报能力,则可以为业务预报的观测与资料传输系统的设计提供科学背景。

TOGA 计划的实施在模式、外场试验与研究以及海洋和大气长期观测等方面是一个重大的科学项目。它的提出在大气和海洋科学两方面都具有深刻的科学背景、原因和理论基础。建立一个长期的海洋与大气观测系统是

TOGA 计划的核心任务之一。观测系统是根据 ENSO 及其有关的现象设计的，因此选区优先观测的关键要素包括海面风应力场、海面温度，其次是海洋上部热力场、海平面高度、洋流等。

该项目取得了巨大成功，并建立了热带太平洋上的宝贵的 ENSO 观测阵列。

20 世纪 80 年代以前，有关太平洋海洋和大气的观测资料相当有限，科学家们还无法可靠地对厄尔尼诺进行监测并及时提供预警报告，甚至厄尔尼诺发生了科学家们也还很难对此正确认识。如 1982 年 10 月，全世界许多科学家正在召开与厄尔尼诺有关的诊断会议之际，对当时正在发生的强厄尔尼诺事件并没有清楚地认识到。之后，厄尔尼诺的监测和预测问题引起了科学家的高度重视，由联合国世界气象组织负责，20 世纪 80 年代初，开始呼吁在提高能力建设的基础上发展一个实地观测的阵列。1984 年，ATLAS（自治线式温度获取系统）浮标首次得到了应用，开始观测大气温度、海面温度以及表层以下 500m 深的海水温度，并且通过美国海洋大气局（NOAA）的极轨卫星，把所有采集到的数据实时传送到陆地上。1985 年开始，国际上组织实施了为期 10 年的热带海洋-全球大气计划（TOGA），正式确定了热带海洋大气浮标观测阵列（TAO），建立了由海洋浮标、船舶、潮汐观测站、卫星等组成的观测网，对热带太平洋海洋和大气状况进行密切监视，并共享收集到的资料。TOGA-TAO 阵列大约由 70 个锚定浮标组成，这一观测网覆盖热带太平洋 8 °N～8°S，95°W～137°E 海区，能够比较全面地提供热带太平洋上的风、气温、相对湿度以及大量海洋观测资料。考虑到表层风场对驱动赤道海洋环流的重要作用，在 1986 年，ATLAS 浮标又增设了对风的观测。三年后，又增加了相对湿度感应器，用于对大气边界层动力和海气相互交换过程的研究。TOGA-TAO 还包括分布在赤道上的一些上层海洋剖面自动测量和传统的测速浮标。在西太平洋，有些浮标还增加了一些感应器，这些感应器可用于测量海水盐分、降水以及用于特殊研究目的的吸收短波辐射量。

TOGA-TAO 观测阵列对厄尔尼诺和拉尼娜监测起到了十分重要的作用，不少人也把这一观测阵列称之为 ENSO 监测网。最近，又通过一项新的科学计划(PIRATA)，在热带大西洋布置了浮标观测阵列。目前 TAO 阵列与日本的 TRITON(Triangle Trans-Ocean Buoy Network，三角形越洋浮标网)阵列合成一体，扩展成 TAO/TRITON 观测阵列(图 5.1)，进一步丰富了全球海-气相互作用的观测。

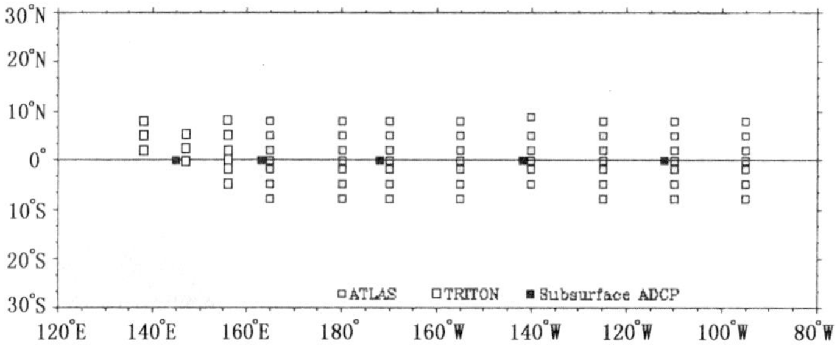

图 5.1 热带海洋大气观测网络(TAO/TRITON 阵列)
(引自 www.pmel.noaa.gov)

TAO 资料在厄尔尼诺有关研究和业务领域得到了广泛的应用。TAO 的实时观测资料集被传输到 GTS 上，促进了这些资料在许多国家和地区的天气与气候预报模式中的应用，如，在欧洲数值预报中心(ECMWF)，美国国家气象中心(NMC)等机构。实时 TAO 观测的海表温度资料在国家气象中心与逐周的实地、卫星分析资料混合，而次表层热力资料则直接输入到海洋模式，风向与风速资料在美国佛罗里达大学与船舶观测的月平均风合并后进行再分析。TAO 阵列的观测资料被用于校核卫星观测资料，包括卫星观测的海面温度、风速、海平面高度、表层地转流、降水量以及近期的 ERS－1 散射计采集的表层风风速。

同时，在充分结合计算机资源在现代化的工作站环境中还建立了一个交互式分析系统，这个系统可以显示收集到的浮标的实时观测资料。TAO 实时演示软件、资料集、动画和其它的图形产品通过英特网传输到远程用户终端，也可以传输到各国的海洋、气象研究机构。科学家们可以很方便地获得采自 TOGA-TAO 阵列的数据集，以用于观察、比较和分析。用来显示 TAO 数据的软件可以显示观测阵列里的 ATLAS 浮标和流速浮标采集到的最近 12 个月的资料。这种模型可以很快评估热带太平洋的洋流状况。

最近，又推出了一种新的称之为 Agro 的海洋漂浮探测仪器

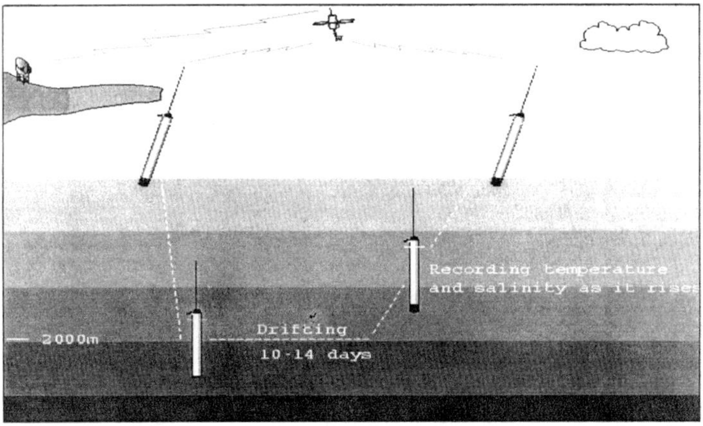

图 5.2　Argo 对海洋观测的示意图

（引自 www.argo.ucsd.edu）

（见图 5.2），它十分类似于大气中的无线电探空仪，其设计使用寿命为 4～5 年。通过船舶或飞机施放，这种探测仪器可以从海面下潜 2000m 左右，每隔 10 天左右上升到海面，在上升过程中获取不同深度的海水温度、盐度资料，到达海表面后，把收集到的资料加上仪器所在位置的信息发送给卫星，接着进行新一轮的海洋观测。该项由美国推出的 Argo 计划将在未来几年内在全球布置约 3000 个观测仪，观测仪之间相隔约 300km。这一全球观测网的建立，使

原来在热带太平洋的有限的观测拓展到全球海洋，将大大提高人类对海洋的监测能力。正如美国国家海洋大气局局长詹姆斯.贝克博士(James Baker)所言："这种漂浮观测仪器看起来虽小，但在海洋场和气候信息采集方面，它却是巨人。我们不再用等上数年、数月得到来自船舶的深海资料。这一飘浮器将为我们搜集比目前更多的资料并立即发送回来。"

厄尔尼诺的监测与诊断

厄尔尼诺的监测和诊断涉及到热带大气、海洋的物理系统。它至少必须包括以下内容：海面温度和海洋上层热力资料、海平面高度资料、各种常规观测的大气资料(如地面气压资料、风场资料等)、卫星观测的热带对流资料等等。厄尔尼诺的监测、诊断可以通过下列大气和海洋的观测资料与正常情况比较之下得到判定：主要包括ENSO监测中的各类指标序列，如各区的海温指数、SOI指数、信风指数、哈得来和沃克环流指数等。

1. 海面温度

海面温度(SST)是衡量气候变率的重要指标，是厄尔尼诺监测和诊断最基本的变量。通常采用某一时段(如一个月)的海面温度的平均值与同期30年(如1961～1990年)的平均值之差称为海温距平，当赤道太平洋中部和东部大范围出现异常(如海温距平超过或低于0.5℃)时就认为达到了厄尔尼诺(拉尼娜)的异常条件。图5.3中可以看到在1982/83年和1997/98年最强的厄尔尼诺期间，赤道东太平洋的海面温度异常超过了4℃。

在科学家确定厄尔尼诺是否发生时，还常常需要根据一些特定海域的海温变化进行诊断。为此，赤道中、东太平洋被划分为以下4个ENSO监测区(见图5.4)，而各海区海表平均温度的距平值即为表示各海区海表温度特征的海温距平指数。

Nino 1+2区(0°～10°S，90°W～80°W)：本区位于南美秘鲁、

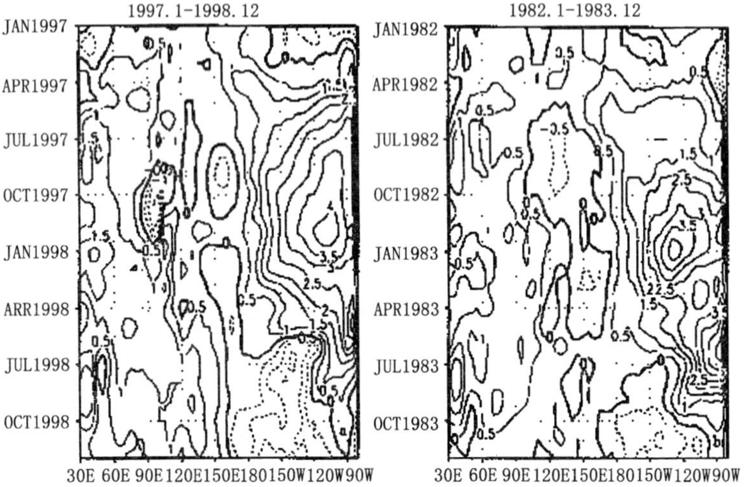

图 5.3　1997/1998 年(a)和 1982/1983 年(b)ENSO 过程中赤道太平洋表面温度距平时间-经度剖面图(单位:℃)

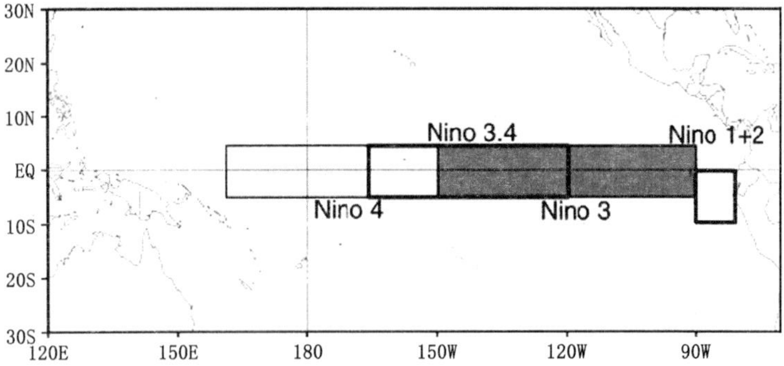

图 5.4　几个典型的厄尔尼诺海面温度监测区域的划分

(引自 www.cpc.ncep.noaa.gov)

厄瓜多尔沿岸,由于海区范围较小、又处于沿岸附近的涌升流区,本海区海面温度的年变化和年际变化幅度很大,气象上常说的东部型厄尔尼诺常常从该海域的海面温度最先出现异常增暖,然后异常增暖的范围再逐步向西扩展。

Nino 3 区（5°N～5°S，160°W～90°W）：该区涵盖了赤道东太平洋的大部海域，其海温变化在厄尔尼诺事件中具有很好的代表性。这一海区的海温距平指数通常被用来判定厄尔尼诺和拉尼娜的发生与结束，一般当该区海表温度距平指数持续 6 个月偏高 0.5℃时，被定义为一次厄尔尼诺事件，持续 6 个月偏低 0.5℃时，被定义为一次拉尼娜事件。正指数越大、厄尔尼诺事件的强度越大，负指数绝对值越大，拉尼娜事件的强度越大，事件的长度则取决于海温异常持续时间的长短。

Nino 4 区（5°N～5°S，160°E～90°W）：这一海区主要包括赤道中太平洋海域，部分海区位于西太平洋暖池区内，海面温度的年际变化很小。当厄尔尼诺发展比较强盛的时候，这一海区的海面温度常常出现较强的异常增暖，但中部型厄尔尼诺常常是这一海区的海面温度首先出现异常增暖。由于这一海区的平均海面温度较高，即使是较小的温度异常也会对气候产生较大的影响。

近年来，也有一些学者用其它海区的海表温度持续异常变化来确定厄尔尼诺和拉尼娜。前面第一章中讲到的 50 年来的厄尔尼诺和拉尼娜事件所使用的海温距平指数就是上面 4 个 Nino 区的加权平均值，这个值代表了整个赤道中、东太平洋的海温情况（见图 5.5）。还有学者在 Nino 3 区与 Nino 4 区之间选取了 5°N～5°S，170°W～120°W 海域，定义为 Nino 3.4 区，这一区域也能够很好地监测厄尔尼诺信号。

在对厄尔尼诺进行诊断及研究时，还常常会用到一些其它相关区域的海温指数。

暖池异常对中国短期气候异常和 ENSO 循环都有十分重要的联系。热带西太平洋海表温度的年际变率不像东太平洋那样大，用海温距平值难以显示其变化特征，但暖池的覆盖范围变化却较大。据此，国家气候中心按照海面温度 28℃包围的面积及其格点温度累计值研制了热带西太平洋（120°E～180°，30°N～30°S）和印

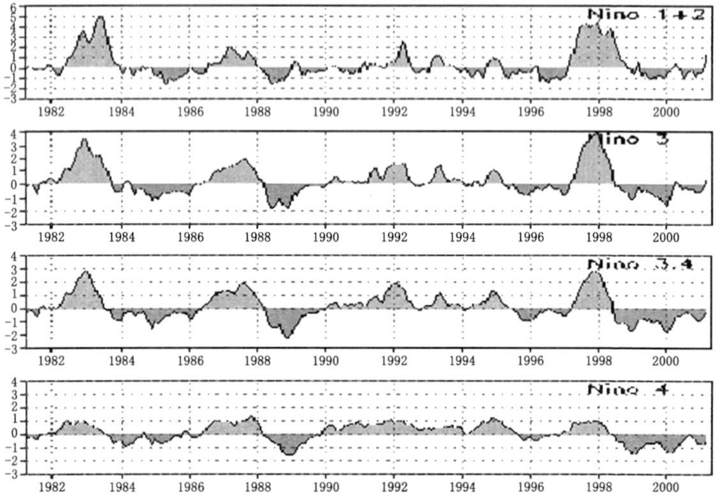

图 5.5 几个典型的厄尔尼诺监测区海面温度距平指数的变化

(引自 www.cpc.ncep.noaa.gov)

度洋(41°E～98°,30°N～30°S)暖池面积和强度指数。

赤道东太平洋与西北太平洋西风漂流区有一定的反相关关系,以这两个海区为基础建立的太平洋温度指数(PTI)在厄尔尼诺的监测诊断中也有一定的作用。

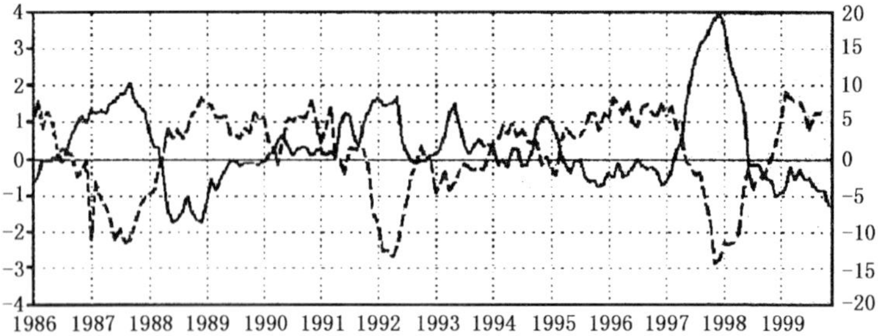

图 5.6 赤道西太平洋平均水位(虚线)与

Nino 3 区海面温度的标准化距平(实线)变化

2. 海平面高度

海平面高度通常由常规海平面测站和卫星观测进行。在厄尔尼诺发生以前,热带西太平洋海平面高度常常异常偏高,为厄尔尼诺的爆发积聚了大量的能量,一旦出现风场异常,水位对风场变化的响应十分明显。通过对热带太平洋海平面高度资料的研究,将赤道西太平洋水位距平(150°E～180°,10°N～10°S)制作成一个指数时间序列,可以看到其变化与赤道东太平洋海表温度距平的变化紧密相关(见图 5.6)。

3. 海洋上层热力结构

温跃层/斜温层

海洋上层的温度比深层要高,受到大气影响,在海洋表面向下的几十米的水层里,风浪和海流引起的湍流混合十分强烈,海水温度的垂直变化很小,因此被称为混合层。但到某一个高度以后,很快遇到一个较薄的水层,其海水温度随深度的变化特别剧烈,这一区域被称之为温跃层。温跃层把热带海洋分隔成上下两个不同热力性质的海水层,上层为暖水层,而下层则为冷水层。温跃层在海洋和气象上非常重要,因为它能支持大尺度的海洋波动,在 ENSO 过程中占有举足轻重的地位。在热带太平洋上,常常用 20℃等值线的深度代表温跃层的位置。赤道太平洋东部 20℃等温线一般位于 50 米深处,但向西逐渐倾斜,在赤道太平洋西部一般位于 150m 深处。因此,温跃层也被气象和海洋学家称为斜温层。

海洋上层热力结构是厄尔尼诺和拉尼娜监测的重要组成部分,其观测资料主要通过船舶 XBT 和 TOGA-TAO 观测阵列等取得。热带海洋上层热力结构的监测对于确定次表层温度、斜温层、海洋上层热含量变化以及海洋内波等具有十分重要的意义。斜温层的深度可以大致采用 20℃等温线来表征,见图 5.7。

4. 海洋表面风应力和对流层风场

由于海洋温度的变化在很大程度上受到海面风场的制约,所以热带海洋上的海表面风应力对于监测厄尔尼诺的发生具有十分重

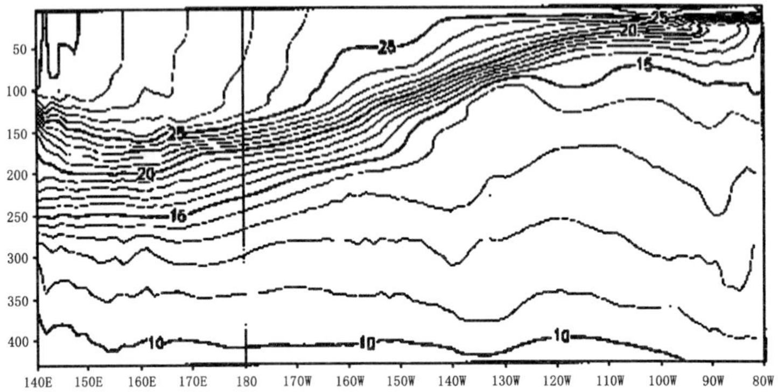

图 5.7 赤道太平洋次表层温度(℃)分布,温度变化最剧烈的区域(等温线密集区)为斜温层深度(m)

要的指示意义。确定海洋对大气的强迫响应、大气对海洋的驱动作用以及检测 ENSO 对气候影响的强信号都离不开对大气风场资料的诊断。1982/83 年和 1997/98 年厄尔尼诺期间的赤道太平洋低空风场异常具有许多相同之处:两个厄尔尼诺的爆发都与起源于赤道西太平洋的强西风异常联系密切;西风异常在暖事件发展过程中表现出向东扩展和移动的趋势;并在夏季以后随着暖事件的加强在西风异常区域以西出现东风异常区,并同时随着西风异常区域的东移而向东发展。有意思的是:与秋季日界线以东以及夏季赤道东太平洋上空的强西风异常中心相对应(图 5.8),其东侧的东太平洋洋面温度的增暖在约两个月之后也达到最大值,由此看来赤道低空风场对 ENSO 预测确实具有十分重要的先兆意义。

对流层高层的风场变化与低层大致相反。在 ENSO 盛期,赤道太平洋两侧表现为一对明显的异常反气旋环流型,这使得中纬度地区急流强度增加,赤道东太平洋上空东风距平加强,沃克环流异常削弱。在赤道东太平洋上空 200hPa 高度上(图 5.9),1997 年 6 月～1998 年 5 月,表现为很强的东风异常,同样,在 1982 年 6 月～1983 年 6 月期间,东风异常也十分明显。在两个强暖事件过程

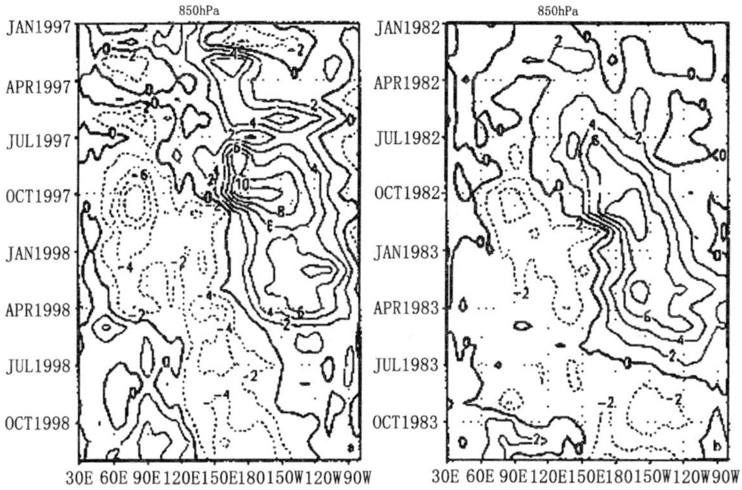

图 5.8 1997/1998 年(左)和 1982/1983 年(右)ENSO 过程中赤道太平洋上 850hPa 纬向风距平(m/s)的变化

中，东风异常都发生在盛期及之后 1～2 个月之内。但在暖事件爆发次年的春末，1998 年中太平洋上空西风异常的程度比 1983 年要大得多。

如同不同区域的海温指数在 ENSO 监测中有不同的指示意义一样，在不同的区域建立一系列的区域风指数也非常有助于 ENSO 的监测和诊断。表 5.1 是一些常用的纬向风指数的区域范围。

表 5.1 常用的一些风场指数的区域范围

850hPa			200hPa	
5°N～5°S，135°E～180°	5°N～5°S，175°W～140°W	5°N～5°S，135°W～120°W	5°N～5°S，160°E～160°W	5°N～5°S，165°W～110°W

5. 海平面气压

海平面气压的变化很早以前就被认为与厄尔尼诺有关，南方涛动就是海平面气压被使用的最典型的例子。需要指出的是，由于

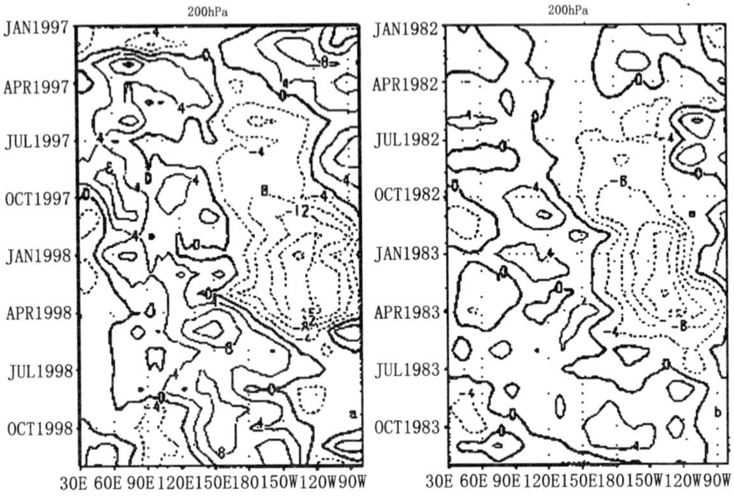

图 5.9 1997/1998 年(左)和 1982/1983 年(右)ENSO 过程中赤道太平洋上 200hPa 纬向风距平(m/s)的变化

常用的南方涛动指数是基于塔希提和达尔文两个陆地站的长期海平面气压观测资料计算得到的，它未必最有效地反映与赤道东太平洋海面温度变化之间的关系。近年来，一些新的南方涛动指数开始出现，如赤道太平洋南方涛动指数(EQSOI)采用沿赤道太平洋(5°N～5°S，80°W～130°W 和 5°N～5°S，90°E～140°E)标准化的海平面气压差计算等。这个新的南方涛动指数变幅较大，受到小的扰动影响小，能够更加清晰地反映 ENSO 过程。

6. 外逸长波辐射(OLR)

由于卫星观测到的外逸长波辐射能够很好地反映热带对流活动情况，因此，外逸长波辐射近年来成为重要的厄尔尼诺监测变量之一。郭艳君等通过对热带太平洋海温和对流活动异常的空间结构特征和时间变化规律的奇异值分解和点相关分析揭示了两者之间的高度相关性，发现厄尔尼诺和拉尼娜期间热带太平洋中、东部和西部存在着一对反相关的对流异常区域。由这两个区域的 OLR

标准化距平建立热带太平洋对流涛动指数(COI),同南方涛动指数(SOI)相比,该指数与海温异常有更好的相关性(表 5.2,图 5.10)。因此,COI 可以作为 ENSO 监测的良好指标。

表 5.2 不同 Nino 区海面温度与 COI 及 SOI 的相关系数(1982～1997)

	海面温度距平		
	NINO 1+2	NINO 3	NINO 4
南方涛动指数(SOI)	−0.50	−0.65	−0.63
热带对流涛动指数(COI)	−0.71	−0.83	−0.67

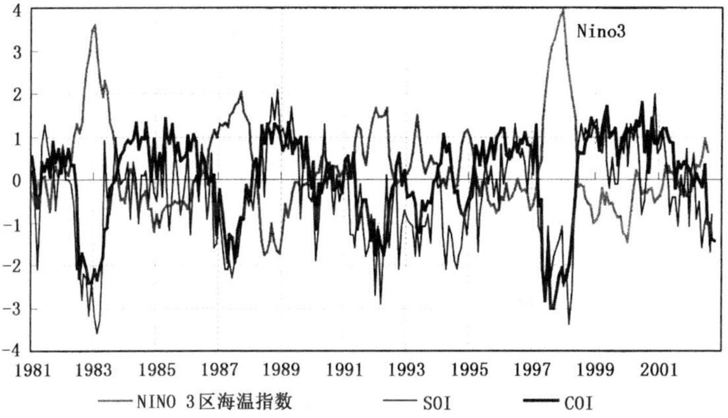

图 5.10 用于 ENSO 监测的标准化的 Nino 3 区海面温度距平指数、南方涛动指数和热带太平洋对流涛动指数

7. 黑体辐射温度

另外通过红外探测通道还可以获取云顶和无云或少云区地球表面相当黑体辐射温度(T_{BB}),也称为"辐射亮温"。该资料能够直观快捷地反映热带低纬度洋面上不同区域的对流活动及其强度。运用 ENSO 监测区的黑体辐射温度距平的演变进行过程跟踪,也可以为诊断 ENSO 事件的形成、发展及衰亡提供重要线索。

8. 其它要素

厄尔尼诺信号还能通过它对气候的影响甚至通过许多生物学的要素反映出来，如大范围干旱和洪水、太平洋圣诞岛、加拉帕戈斯群岛等岛屿的鸟类数量、秘鲁沿岸的鳀鱼数量等都可以较好地反映厄尔尼诺信号。因此，诊断厄尔尼诺的方法就有许多，一些生态和生物学的方法在重建历史上的厄尔尼诺序列时显得更为重要。

9. ENSO 事件的综合判定

李晓燕等采用标准化的赤道中、东太平洋海温总强度指数与南方涛动总强度指数之差得到了一个综合反映热带海洋大气状况的厄尔尼诺和拉尼娜强度指标，该方法能够较好地综合反映厄尔尼诺和拉尼娜的发生、结束和强弱。在国家气候中心业务中，主要依赖赤道中、东太平洋监测区的海面温度距平指数结合南方涛动来监测厄尔尼诺和拉尼娜，实际工作中还结合热带对流和海洋次表层温度异常分布等综合诊断。

考虑到厄尔尼诺(拉尼娜)是热带海洋大气的耦合作用的结果，沃尔特(Wolter)等利用热带太平洋上的海平面气压、海面纬向风、经向风、海面温度、气温和总云量六个要素对 1950～1993 年作为参照时段进行标准化处理之后，对各个要素场首先进行滤波聚

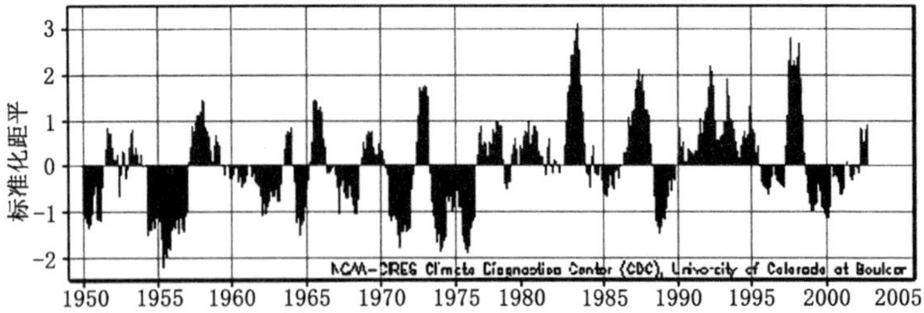

图 5.11　标准化的多变量 ENSO 指数序列

(引自 www.cdc.noaa.gov/ENSO/)

类处理，进一步采用正交分解的方法，对 6 个所有的观测变量进行

了组合得到第一个非旋转的主分量作为多变量 ENSO 指数(MEI)。该指数由于考虑了各要素的综合影响,因此能综合地监测厄尔尼诺和拉尼娜,该指数越高表示厄尔尼诺越强,指数越低表示拉尼娜越强。图 5.11 反映出近 50 多年厄尔尼诺越来越频繁而且越来越强,但拉尼娜越来越少且越来越弱的变化趋势。

利用 6 个不同要素综合监测厄尔尼诺和拉尼娜的多变量 ENSO 指数(MEI 为负值代表 ENSO 冷位相,异常偏低为拉尼娜;MEI 为正值代表 ENSO 暖位相,异常偏高为厄尔尼诺)。

气候平均场变化对厄尔尼诺监测与诊断的影响

气候平均值与气候距平

气候平均值是某一地区特定时期内气候要素的算术平均值,一般由连续 30 年的气象观测资料计算得出,反映了该地气候变量的统计特征。气候距平则是气候要素在某一特定时间、特定地点对气候平均值的偏差。世界各国都采用统一时段的气候平均值。不同时期使用的气候平均值的时段也不同,如过去曾使用过 1931 年 1 月 1 日～1960 年 12 月 31 日、1961 年 1 月 1 日～1990 年 12 月 31 日等时段的平均值,这些时段的平均值也称为标准气候平均值。最近,世界气象组织已规定从 2003 年开始将 1971～2000 年的平均值作为新的标准气候平均值,替代我们在这之前使用的 1961～1990 年的旧标准值。

通常,我们把 30 年的观测值进行平均后作为气候平均值,用以衡量月或季尺度气候状况与正常情况之间偏差的大小,当偏差非常大时,则称为气候异常。然而气候变化的研究结果表明,30 年气候平均值并非是一成不变的。2001 年以前的许多厄尔尼诺监测的物理量主要采用 1961～1990 年 30 年平均作为气候平均场,2002 年美国等国家已经采用了 1971～2000 年的平均值作为新的气候平均场，2003年我国也开始采用这一新平均场。而新（1971～2000年）气候平均场与旧（1961～1990年）气候平均场相比存在着一定的差异。特别是1990年代厄尔尼诺事件较60年代增多和加强，海温平均值有明显提高。图5.12反映了1月热带太平洋海表温度新旧气候平均值的变化情况，热带东太平洋海温平均场普遍升高了0.2℃以上，部分海区升高0.4℃以上，热带西太平洋大部海域变化不大，部分海域升高0.2℃以上。这些海温变化显著的区域与全年其它月份的变化基本一致，只是强度和范围略有差别。

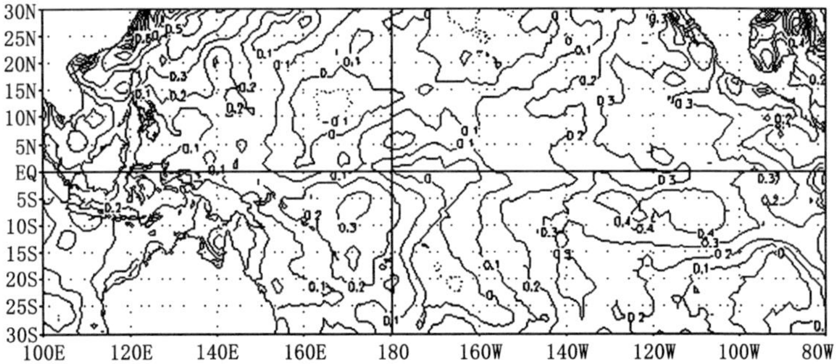

图5.12 热带太平洋海温1月份新（1971～2000年）旧（1961～1990年）气候平均场的差（℃）

（实线为正值，虚线为负值，等值线间隔为0.1℃）

图5.13反映了4个Nino区海温指数新旧气候场逐月的差别。可以看出，各指数新的气候场都较原来有明显的升高，升高的幅度与指数和所处季节有关。反映赤道中太平洋和西太平洋部分海域的Nino 4区海温指数平均值升高了0.1℃左右。反映赤道中、东太平洋的Nino 3区海温指数的平均值升高了0.2℃左右。反映南美沿岸的Nino 1+2区海温指数气候平均值大部月份升高了0.15℃以上，6月和10月升高0.3℃以上。Nino 3区距平指数是目前国际上判别厄尔尼诺和拉尼娜事件的主要指标之一，其平均

值的改变必然会对历史上各次事件的起止时间、峰值和强度等造成一定的影响。

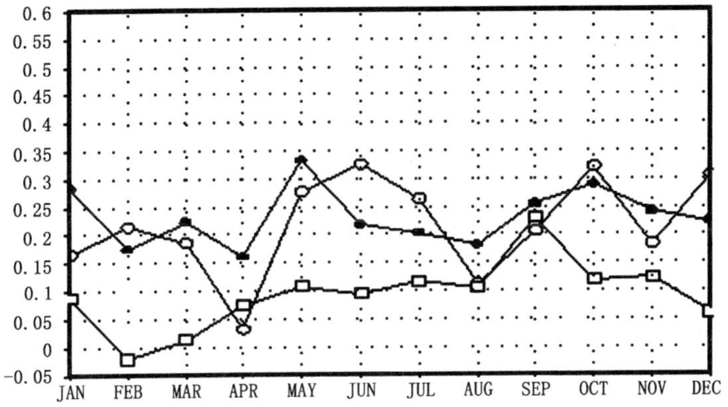

图 5.13 利用新(1971～2000 年)旧(1961～1990 年)气候平均值计算的各 Nino 区海温距平指数逐月的差异(单位:℃)
(空心圆为 Nino 1+2 区、实心圆为 Nino3 区、空心方框为 Nino 4 区海温距平指数的差异)

由于 ENSO 监测区海温指数新的气候平均场较原气候场明显升高,使用新的气候平均值以后,厄尔尼诺事件和拉尼娜事件的起止时间、峰值以及事件的强度等都会被改变。一些厄尔尼诺事件的长度将被缩短 1～2 个月,峰值也会降低 0.1～0.2℃,事件的强度也会相应减小;而一些拉尼娜事件的长度将被延长 1～2 个月,峰值也会升高 0.1～0.2℃,事件的强度也会相应增大。特别需要指出的是:以旧气候平均场定义的一些弱的厄尔尼诺事件在使用新的气候平均场后,已经达不到厄尔尼诺事件的标准,如 1953、1976/77、1979/80、1993、1994/95 年的事件,厄尔尼诺事件次数显著减少;而拉尼娜事件则增加了 1962/63 年,另外 1954/1956、1956/1957 的两次事件变成了一次长达近 3 年的拉尼娜事件;1998/2000 事件也延长了半年左右。

ENSO 监测和诊断产品

美国、日本、澳大利亚和英国等都具有 ENSO 监测业务的机构，并且具有完整的资料分析系统充分开发利用各类海洋、大气的观测资料开展 ENSO 监测业务。美国早在 20 世纪 80 年代初就开始出版以反映 ENSO 过程为主的“气候诊断公报”。世界气象组织也在 1985 年开始每隔几年出版一本“全球气候系统回顾”，对海洋大气变化状况进行综合评述。此外，日本气象厅与澳大利亚气象局每月也分别定期出版“气候系统监测报告”和“气候监测公报” 及时报告有关 ENSO 监测的最新情况。

随着电子计算机和网络技术的高速发展，目前许多有关 ENSO 监测和诊断的产品可以通过英特网及时得到。

早在 20 世纪 80 年代，中国气象局也组织专家成立了“ENSO 监测小组”，开始利用国外的一些资料对 ENSO 进行诊断分析。1990 年，我国正式开始了 ENSO 监测业务，并作为主要内容反映在出版的“气候监测公报”中。“九五”期间，在国家重中之重项目“我国短期气候预测系统研究”的支持下，我国 ENSO 监测业务得到了快速发展，并且逐步与国际接轨。

得益于国际合作的成果，1997 年厄尔尼诺现象发生前几个月，国内外气象学家就注意到了热带大气风场的变化，并在 1997 年初的几个月监测到了暖海水从赤道西太平洋向东明显的传输过程。国家气候中心利用热带海洋和大气的监测结果，在 1997 年 3 月份就发布了厄尔尼诺将暴发的监测公报。厄尔尼诺事件发生后，美国、日本、中国等许多国家对这次事件的发展、强度及其气候影响进行了监测和报道。事实证明，国内外对这一次厄尔尼诺现象的监测及预警工作是十分成功的。

第六章

厄尔尼诺的预测

目前常用的厄尔尼诺预测技术

在加强厄尔尼诺监测的同时，国际上还在努力攻克厄尔尼诺预报难关，科学家们希望在厄尔尼诺事件发生半年以前就对此进行预报，从而减轻厄尔尼诺造成的各种灾害与影响。最近十多年来，厄尔尼诺研究引起了广泛的重视，科学家利用各种各样的方法对厄尔尼诺进行预测。目前厄尔尼诺的预测主要采取海洋-大气动力学模式、统计模式、统计和动力相结合的模式等方法。其中最大的进展是把对厄尔尼诺形成过程的研究结果进一步研制成数值模式，用来对海洋和大气过程进行描述，再利用计算机进行运算，对海洋与大气相互作用的物理过程进行模拟。这种模式可以帮助我们认识海洋和大气的相互作用过程，也可以用来重演过去的厄尔尼诺过程。如果这些模式能够真实地刻划和反映实际情况，我们就可以用来预测厄尔尼诺现象。复杂的海洋和大气耦合模式甚至还可以对厄尔尼诺带来的气候影响进行预测。

ENSO 的预测对象主要为一些反映 ENSO 过程的关键指标和特征量，如：NINO3 或 NINO3.4 区的 SST 指数、或者是 SOI 指数；也有许多模式预报热带太平洋 SST 场再进一步计算关键区的海面温度指数已确定厄尔尼诺和拉尼娜的发生、发展和消亡过程的。20 世纪 90 年代以来，国际上 ENSO 预测模式大量涌现，表 6.1 是 2001 年在美国海洋-陆地-大气研究中心出版的《试验性超长期预报公报》中摘用的一些预报模式，可以看出，这些预报模式概括起来大约分为三类：一类是预测模式以动力学方法为主，另一类以统计学方法为主，第三类是统计与动力相结合的模式。事实上还有许多模式没有提供给这一公报使用，包括欧洲中期数值预报中心、英国、日本和我国的许多模式都没有参加发表。从开展 ENSO 业务性预报的国家和地区来看，主要由美国、英国、中国、日本、澳大利亚、韩国等国，其预测模式上看以美国和中国最为丰富。中国气象局以国家气候中心为主开发和研制了同类模式（NCCm）、全球大气环流模式耦合混合层海洋和海冰模式（NCCs）、以及滤波最优叠合模型、奇异谱最大熵模型、改进的典型相关模型、相似预报模式等统计预测模式。中科院大气物理研究所（IAP）研制了复杂的全球大气耦合海洋环流模式。此外，南京大学、北京大学、南京气象学院以及国家海洋局等研究和开发了许多 ENSO 预测模式，其中不少模式已经用于业务试验。

表 6.1　从目前参加“试验性超长期预报公报”刊物中反映的国外主要的 ENSO 预报模式

作者	模式	预报对象
Wang and Ji, et al	动力学模式	热带太平洋 SST
Kirtman and Shukla	耦合 GCM 模式	热带太平洋 SST
Zhu et al	全球耦合 GCM 模式	热带太平洋 SST
Chen, et al	LDEO 模式	热带太平洋 SST

续表

作者	模式	预报对象
Kleeman	低阶耦合海气模式	热带太平洋 SST
Su and Neeling	混合耦合模式	Nino 3 SSTA
Kang, and Park et al	中间海洋和统计大气	热带太平洋 SST
Tang and Hsieh	神经元－动力混合耦合模式	热带太平洋 SST
Landsea and Knaff	用 ENSO 气候学和持续性	Nino3 SSTA＋SOI
Van den Dool	相似预报方法	Nino3.4 SSTA
Saunders, et al	奇异谱与最大熵谱结合	Nino3 SSTA＋SOI
Xue and Ji	马尔可夫模型	热带太平洋 SST
Penland, et al	线性反馈模式	Nino3.4 SSTA

动力学方法

海洋和大气耦合模式

这是一种同时描述大气环流和海洋环流及其相互作用的数学模型。在大气环流模式中，包含了能描写大气三维状况演变的数学计算方案的总体：即大气运动、温度、水汽预报方程与地表面的热量及水分平衡方程。一般大气环流模式中把海面温度取固定气候值，即设海水热容量无限大，而实际情况并非如此。在研究大气的长期行为时，海洋本身的运动变化非常重要，因此需要引入大洋环流模式。大洋环流模式包括盐量方程、运动方程及极区浮冰的增长方程等。

海-气之间通过海表面交换着热量、动量和水分。在海气相互作用的描述上，大气对海洋的作用主要是动力作用，即大气低层风应力对海表的驱动作用；而海洋对大气的作用主要是热力作用和水分输送，洋流向极地输送热量，减少了大气的斜压性，海洋的巨大热容量控制着大气的温度变化，海洋向大气的巨大水汽输送维持了系统的水分平衡。

这样一来，通过海-气交界面上大气对海洋的动力作用以及热量和水分平衡方程实现了大气和海洋的耦合。

气象学家们希望利用计算机能预报厄尔尼诺和拉尼娜。其主要思路是基于当前的热带海洋和大气的观测，利用计算机求解一系列复杂的海洋和大气方程，以预测未来的海洋、大气状态，赤道太平洋海面温度是其预报的主要变量之一。从模式建立方法的复杂程度上划分，这类模式可以划分为简单动力学模式和复杂的全球海洋大气模式（AOGCM）。但许多简单动力学模式实质上都是采用动力与统计方法相结合的。

早在1950年代初，计算机的主要发明家之一，数学家John von Neumann在美国新泽西州的普林斯顿大学首先利用计算机上运行模式对开发动力预报方面做了一些尝试。到1970年代，科学家们利用计算机上运行全球大气环流模式（AGCM）来模拟大气对赤道上固定海表温度场的响应。

在20世纪80年代初，Inoue和O'Brien（1984）对风场资料进行低通滤波，并且采用一个海洋的浅水模式，结果表明给定的1982年4月的初始状态有利于厄尔尼诺的发展，但把给定的风场从初始状态一直持续，就会严重限制预报的准确性，因此，海洋和大气之间的相互作用十分重要。Cane和Zebiak（1986）设计了一个简化的海洋、大气耦合模式，并且成功地预报了1986～1987年和1991～1992年厄尔尼诺。同时，一些复杂的海洋－大气耦合模式也应运而生，这些模式基于大气和海洋模式的原始方程，模式层次较多，如美国NCEP的动力模式，大气模式采用美国国家气象中心的中期预报系统，海洋模式采用GFDL的太平洋洋盆模式。

从目前常见的动力模式来看，美国国家环境预测中心（NCEP）、美国马里兰大学海洋-陆地-大气研究中心（COLA）以及中国科学院大气物理研究所都采用了复杂的全球大气海洋动力模式。但一些简化的动力学模式因为抓住了主要影响ENSO的海洋－大气相互作用过程，也具有很好的预报能力，仍然十分流行。这类模式有美国哥伦比亚大学地球观象台（LDEO）模式、澳大利亚气象研究所（BMRC）以及我国国家气候中心的同类模式和全球大气模式耦合混合层海洋和海冰模式等。

由于动力学模式是基于海洋和大气相互作用的物理学过程建立起来的，这就需要在模式中至少输入热带太平洋海洋和大气的全面的观测资料，这种资料，不仅仅是海洋和大气界面的，还需要海洋深层不同层次上的温度、盐度等资料以及大气不同高度上的温度、风、湿度和气压资料等。这些大量的观测资料输入到基于电子计算机的动力学模式中，通过计算机求解一系列复杂的海洋、大气运动方程，输出不同时段的预报结果，这些预报结果也是多要素的，其中最重要的预报变量之一就是热带太平洋上的海面温度，经过进一步的分析，就可得到厄尔尼诺、拉尼娜的预测结果。

动力学预报方法直接应用海洋和大气运动方程，试图把握住海洋和大气相互作用的物理学机制和过程，代表了人类不断探索自然奥秘、了解事物因果关系的崇高愿望，而且能够预测在过去没有出现过的一些气候事件，因而显得十分科学。但动力学方法需要大量输入资料，因而必须有覆盖整个热带太平洋甚至全球大气和海洋的高密度观测资料；需要有功能强大的电子计算机的支持。此外，动力学模式中最大的不足是一些小尺度的物理过程很难在模式方程中准确表达，这些过程只能通过所谓“参数化”的方法利用统计手段作一些近似处理，但在长时间大量的计算过程中，这些近似处理的误差可能会不断放大，最终引起预报结果的不准确。最近10多年来，动力学方法取得了显著的进展，但在预报技巧上目前仍然没有超过数理统计学方法。

数理统计方法

统计模式不是根据海洋和大气物理学方程求解的，相反，它们是根据与ENSO条件有关的海洋和大气的长期观测资料为基础的，主要根据概率论和数理统计原理和方法，从大量历史资料中寻求要素演变的随机现象来建立预报模型进行预报的一种技术。目前厄尔尼诺预报中最常见的方法有奇异谱、多元回归、相似预报、典型相关分析(CCA)、马尔科夫链、神经元等等许多方法。统计学预报方法可以简单到仅仅使用相似或者线性回归方法、复杂到既考虑时间变化也考虑空间变化的多变量之间的关系。一些方法,如表6.1中的马尔科夫链方法,把热带太平洋海平面高度、海表面风应力场等作为输入变量,考虑了ENSO预报中的季节依赖性特点,具有非常清晰的物理概念。数理统计模式实际上可以很好地弥补人类对自然过程认识的不足,在已经积累的观测历史资料中寻求联系和规律,这类方法运算简单,效果也不低于动力学方法,因此目前在国际上仍然得到广泛应用。表6.1中Landsea and Knaff利用ENSO气候学和持续性建立的预报方法、Van den Dool的相似预报方法、Saunders, et al的奇异谱与最大熵谱结合方法、Xue and Ji的马尔可夫模型、以及Penland, et al的线性反馈模式等都是统计方法。数理统计方法需要了解历史上厄尔尼诺和拉尼娜发生前大气和海洋变量中出现过的规律,寻找其前兆特征,并且利用这些认识对统计模式进行"训练",这样在前兆特征出现的时候,模式就能够预报出厄尔尼诺和拉尼娜的发生和结束。但其不足主要是只能按"游戏规则"办事,无法预报历史上没有出现过的情形。此外,统计方法只能给人们提供预测结果,无法给人们提供形成结果的海洋和大气之间相互作用的物理过程。

动力-统计方法

这一类模式大多数采用物理海洋模式与统计大气模式相结合,不少人把这一类方法归纳到动力学方法中。这类模式的基本思想在于热带海洋和大气之间是耦合的,也就是说,给出了特定的海洋条件,就可以用统计方法得出大气状况,反之亦然。

动力-统计方法实际上是复杂的动力学模式和统计方法之间的一种折衷,实际上反映了人类目前对海洋和大气相互作用的一种认识水平和能力,这种方法只需要基于一些基本的观测资料,也避免了大量不必要的复杂计算。事实上,英国牛津大学(Oxford)模式、表 6.1 中 Kang and Park et al 的中间海洋和统计大气模式以及 Tang and Hsieh 的神经元-动力混合耦合模式等都具有十分明显的动力与统计方法相结合的特点。

预报时效和春季预报障碍

预报时效与预报障碍

预报时效即预报结论的有效期限。根据预报时效的长短不同可分为两类:天气预报和气候预测。天气预报又包含时效为 0~2 小时的临近预报、3 天以内的短期预报和 4~10 天的中期预报;气候预测则是指月、季、年的长期预报和一年以上的超长期预报。对时效越短的预报,预报结论的要求越细致、具体,而对时效较长的预报,一般仅要求预报出气候要素变化的总体趋势。

在月、季气候预测中,由于预报对象的可预报性随季节是变化的,使得预报效果或预报技巧表现出在某一季节明显低于其它季节的现象,这种现象称为预报障碍。

Nino 3 区或者 Nino 3.4 区的海面温度预报是厄尔尼诺和拉尼娜预报的关键指数,通常对模式预报性能的检验都采用对这两个区域的海面温度进行评价。由于海面温度本身具有很好的持续性,因此,预报能力必须高于持续性水平才算真正意义上的有技巧。图 6.1 中给出的几个模式预报的检验结果表明,在前 4 个月,模式预报水平低于持续性预报,但在 4 个月之后,模式预报水平远远高于海面温度本身的持续性;在 20 个月之内,相关系数仍然超过 0.4,在 15 个月之内一般都具有较好的预报水平。最近,赵宗慈对国内外 ENSO 的模拟和预测方面进行较为详细的分析,她指出模式在 5 个月以上的预报要优于海面温度的持续性预报,在 5 到 12 个月内的预报能力较好。

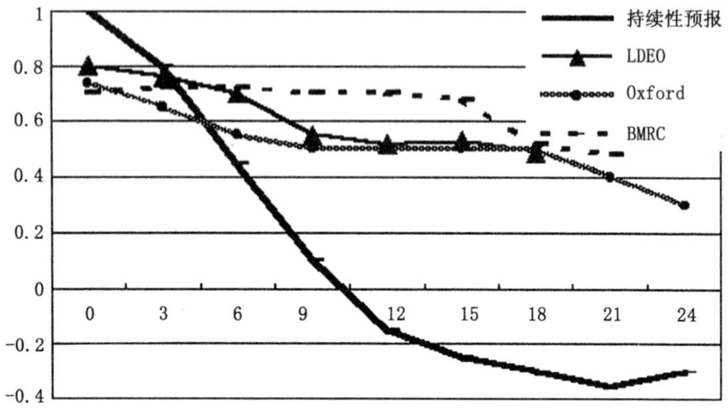

图 6.1 几个简单动力学模式预报 Nino 3 区海温距平指数与观测值之间的相关系数检验

（引自赵宗慈，2002）

图 6.2 中给出了国家气候中心的奇异谱模式（SSA）、典型相关模式（CCA）、相似预报模式和最优滤波叠合模式四个统计模式对 Nino 3 区海面温度的预报效果的检验结果。可以看出，前 3 个月以内统计模式方法的预报与持续性预报较接近，而当时效超过 3 个月以后，统计模式方法的预报就明显好于持续性预报，并随着预报时效的增大更趋明显。在四种模式方法中，CCA 模式在所有时效上的预报均表现为最好，6 个月的相关系数高达 0.67、12 个月的相关系数仍高于 0.45；其它 3 个模式中，相似预报模式的相关下降较快，最大有效预报时效仍有 8 个月，而其它模式的最大有效预报时效均在 3 个季以上。

不管使用动力学方法还是统计学方法或者其他方法，有一种有趣的现象是在某些季节预报比较容易些，但在另外一些季节预报更加困难一些。厄尔尼诺和拉尼娜多数发生在春季和夏季，其中多数发生在 4～6 月期间，一旦发生厄尔尼诺或拉尼娜，在冬季进入盛期，并在来年 2～5 月间结束。因此，在 4～6 月期间如果有厄尔尼诺或拉尼娜形成、发展的话，之后的预报就相对容易得多。但

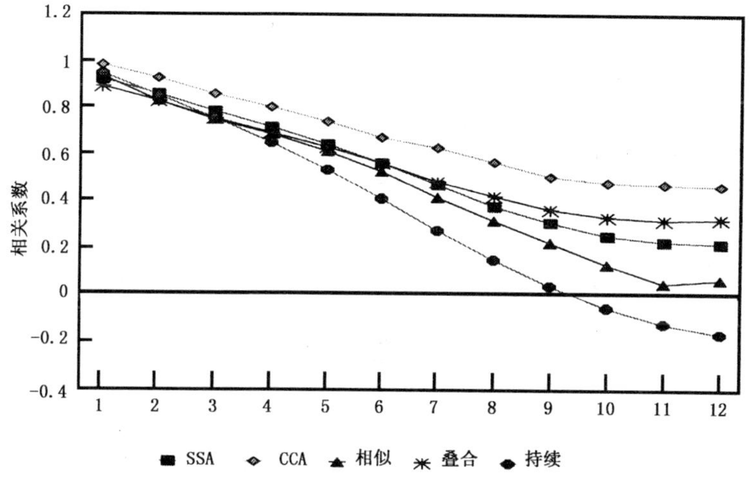

图 6.2 不同统计方法不同时段的预报检验

在冬季到 4 月期间预报 3～6 月的情况就显得十分困难，一旦过了 4 月，虽然仍然具有不确定性，但预报就显得相对容易了，到了 6 月，如果没有厄尔尼诺(拉尼娜)发生，到来年初出现厄尔尼诺(拉尼娜)的可能性就小得多。这种与春季有关的厄尔尼诺预报的困难被称为春季预报障碍。

厄尔尼诺预测的成功与失败

早在 20 世纪 70 年代后期和 80 年代初期就研制了一些厄尔尼诺预测模型，但由于当时对厄尔尼诺过程认识的不足，模式十分粗略，其效果也很不理想。人类对厄尔尼诺的预报方面真正具有划时代意义的是 Zebiak 和 Cane(1987)研制的简化的海洋大气耦合模式。该模式在对赤道中太平洋西风异常进行 4 个月的强迫之后，让模式在没有其它外部强迫情况下积分 90 年。结果表明，在没有异常外强迫的情况下，大气-海洋耦合模式能重现观测现象中存在的许多关键特征，如厄尔尼诺以一种3～4年的主导周期在完全不规则的时间间隔内出现，而且其强度也不一致(见图6.3)。

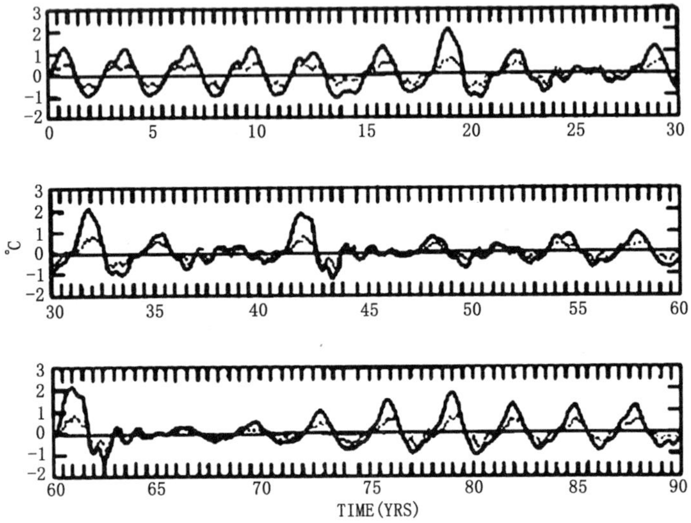

图6.3 区域平均的海面温度变化的90模拟结果
(实线为Nino 3区海面温度距平，虚线为Nino 4区海面温度距平)
(引自Cane and Zebiak，1987)

因此，他们开始用这个模式进行厄尔尼诺预测，在模式最初使用的几年预报实践中，取得了巨大的成功，它曾经成功地预报出了1986～1987年1991～1992年厄尔尼诺的发生，在国际上享有很高的声誉。但令科学界吃惊的是这个美国科学家设计的、运转时间最长、被证明是最成功的厄尔尼诺预测模型，却对1997年厄尔尼诺报出了相反的情形，更具有讽刺意义的是：这个模式在1997～1998年特别强的厄尔尼诺发生之后，仍然坚持预报没有厄尔尼诺发生(见图6.4)。事实上，在1991～1995年出现的罕见的连续发生的厄尔尼诺期间，该模式就出现了失误，它预报了1992年暖事件结束，但事实上，1993年，甚至1994～1995年厄尔尼诺连续出现了。

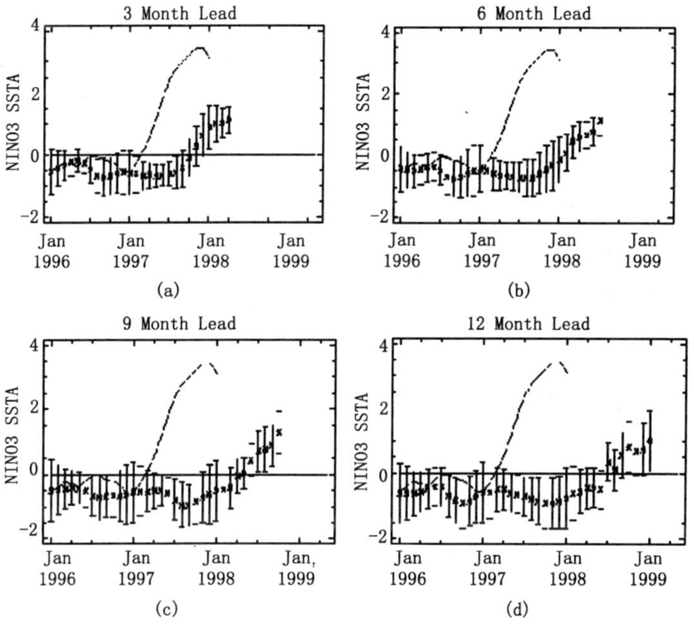

图 6.4 LDEO2 预测结果与观测结果的比较，图 a～d 是提前 3 个月、6 个月、9 个月和 16 个月的预报结果，预报结果利用 1972～1992 年期间观测的平均值和标准差作了标准化处理，星号为预报结果，竖条代表均方根误差

（引自 www.columbia.edu）

从 1997 年厄尔尼诺预测实践来看，虽然有一些模式提前数月预报出了 1997 年厄尔尼诺的发生，但是在发生时间和强度上都表现出还有其不足之处（图 6.5）。Barnston 等（1999）对 1997～2000 年期间国际 8 个海气耦合动力学模式和 7 个统计学模式对 1997/98 年厄尔尼诺和 1998 年发生的拉尼娜的预报效果进行检验，结果表明，除了 LDEO 的两个不同版本的模式以外，其它 6 个动力学模式和 7 个统计学模式对这两次过程都具有较好预报能力。但

总体看来,7 个统计预测模式的平均效果要略高于 8 个动力学模式的平均效果。

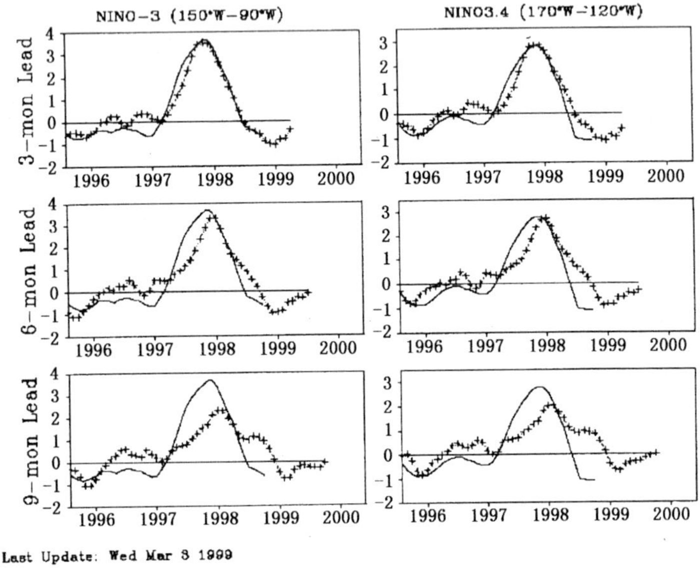

图 6.5 美国国家环境预测中心(NCEP)大气-海洋耦合模式(CMP12)在 1997/98 年前后提前 3 个月、6 个月和 9 个月 Nino 3 区(左侧)和 Nino3.4 区(右侧)海面温度距平的预测(虚线)与实况(实线)比较

(引自 www.cpc.ncep.noaa.gov)

事实证明,即使 1997 年厄尔尼诺预报成功的模式也无法保证对今后所有的厄尔尼诺事件能进行正确预报。例如,美国国家环境预测中心(NCEP)的复杂的耦合大气-海洋模式,因为成功预报了 1997～1998 年厄尔尼诺预测过程,并较好地预报了 1998 年拉尼娜的发生而名声大振,当时把这一模式的成功归功于 TOGA-TAO 资料,特别是海洋资料的充分应用。但还没等成功的喜悦完全散去,在 1998 年夏季出现 ENSO 冷位相之后,该模式屡屡报

错，分别在 2000 年和 2001 年预报了 ENSO 暖位相，甚至出现厄尔尼诺，事实无情地证明了该模式在 2000～2001 年预报中的失败（图 6.6）。

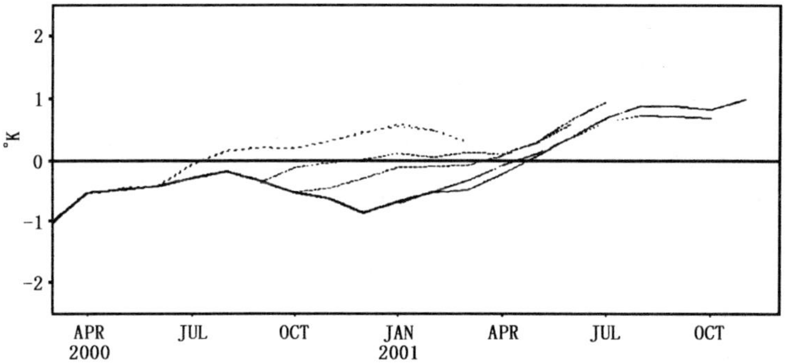

图 6.6 美国国家环境预测中心（NCEP）大气-海洋耦合模式在 2000～2001 年期间对 Nino3.4 区海面温度距平的预测结果（虚线）与实况（实线）比较
（引自 www.cpc.ncep.noaa.gov）

因此，虽然目前国际上已经开始利用各种厄尔尼诺模式定期发布试验性预报结果，一些模式也显示出一定的预报能力，但成功率还不很高，可以说，至今还没有一个公认的模式可以准确预报厄尔尼诺，因此，目前科学家们还不敢完全依靠某一个模式进行厄尔尼诺预报，对厄尔尼诺准确预报仍然任重道远。

我国的预报实践

我国真正的厄尔尼诺业务预报从 20 世纪 90 年代中期开始，在国家“九五”重中之重科技项目“我国短期气候预测系统的研究”项目的支持下，国家气候中心率先建立了 ENSO 预测业务，主要是基于各类动力模式、统计模式和综合预测技术在每年春季通过会商会议的形式在“ENSO 监测公报”与“短期气候预测评论”上发布 ENSO 预测结果。其中对 1997 年以来参加 ENSO 业务预报的 NCC 和 NCC0 两个简单动力学模式提前 0～24 个月预报 1997～1998 年 Nino 3 区海面温度距平指数的预测效果检验表明，这两个模式对 1997/1998 年厄尔尼诺和 1998 年发生的拉尼娜的预报效果明显优于持续性预报。由此可以说明，我国发展的几个动力学模式对厄尔尼诺和拉尼娜是具有一定的预报能力的。从图 6.7 显示出来的预报结果也表明与观测到的情况相当一致。

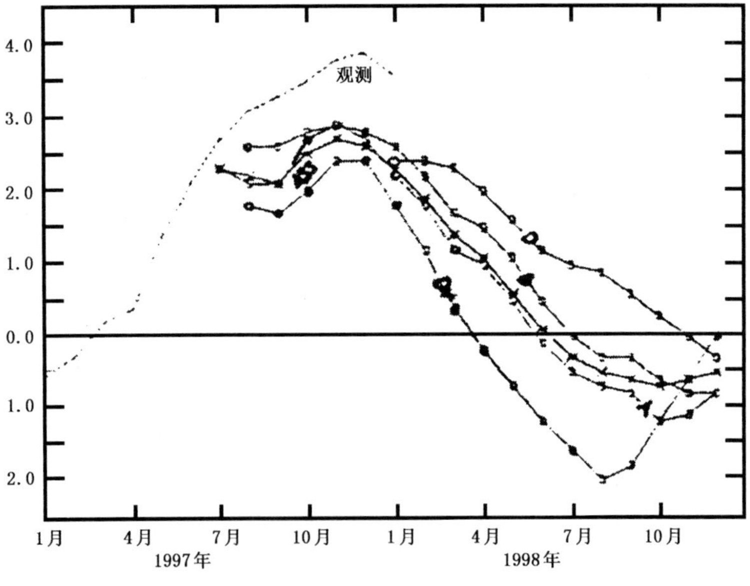

图 6.7 国家气候中心动力学模式从 1997 年夏季开始对 Nino3 区的海面温度距平的预测

(引自国家气候中心，1998)

同样，我国的 4 个统计模式对该期间的厄尔尼诺和拉尼娜发生和结束也都做出了较好的预测(图 6.8)。

鉴于目前模式预测中存在较大的不确定性，我国在 ENSO 预

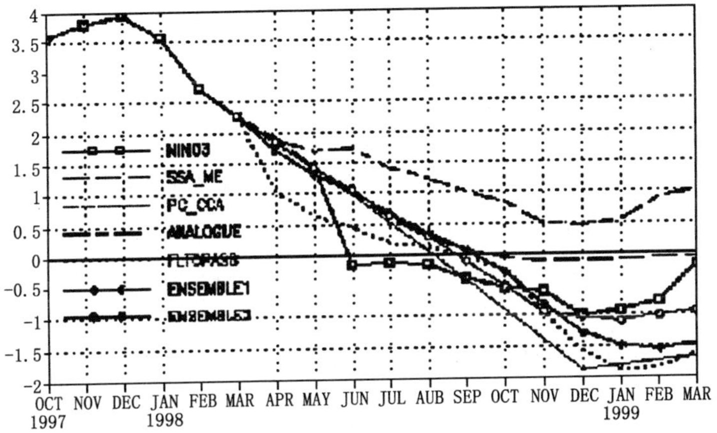

图 6.8 国家气候中心从 1998 年 3 月开始的 4 个统计模式对 Nino3 区的海面温度距平的预测以及两种不同集成方法的预报结果和观测结果(黑实线)

测中采用了诊断分析与模式相结合的综合预测方法,取得了较好的效果。从实际业务预报情况来看,1997 年强厄尔尼诺发生前的几个月,国家气候中心就已及时监测到了热带海洋和大气状况的变化,结合当时研制的一些预报模式的结果和专家的分析,于 1997 年 3 月在北京召开的"ENSO 监测和预测会商会"上得出 1997 年可能发生厄尔尼诺事件,并且在当月及时发布了"ENSO 监测简报";在 1997 年 4 月,意识到 3 月份热带大气环流出现有利于厄尔尼诺发生的强信号,明确指出了一次新的厄尔尼诺事件即将发生。

在 1997 年春末 20 世纪最强的厄尔尼诺发生以后的第二年,我国的 ENSO 动力和统计预测模式得到了有效的发展,动力和统计模式在 1998 年 3 月都有效的预报了 1998 年夏季强厄尔尼诺即将迅速结束,并且可能很快出现一次拉尼娜事件(见图 6.7,图 6.8)。

值得一提的是,在 1999～2001 年长期持续的拉尼娜期间,国际上许多预测模式再次失败，我国的 ENSO 业务预测经受了考验，在几年之中预报没有失误。2001 年，一些媒体又大喊“狼来了”，可这“狼”却一直没有真正现身。11 月份，在武汉召开的“全国年度气候预测趋势会商会”上，国家气候中心就预测 2002 年春季将发生一次厄尔尼诺事件；在 2002 年 3 月的“厄尔尼诺监测和预测会商会中，中国气象局、中科院大气所与国家海洋局等有关部门的专家看法基本一致：厄尔尼诺会在春末夏初到来。7 月 2 日，中国气象局召开的 2002 年上半年气候特征及盛夏气候趋势展望新闻发布会上向媒体发布：5 月，赤道东太平洋海温偏暖幅度已经接近厄尔尼诺标准，与海洋特征相一致，南方涛动指数也表现为异常负指数。6 月，赤道中、东太平洋海表大部异常偏暖 1℃以上，异常暖水的范围不断向东扩展，异常程度进一步加强。厄尔尼诺已经“露头”，预计夏季将维持弱厄尔尼诺状态。

由于目前对 ENSO 形成机理尚不清楚，迄今为止，没有一个单独的模式可以准确预报所有的厄尔尼诺的发生、发展和消亡。常常是，不同模式在不同情况下的预报性能并不一致，预报结果相差较大。因此，如何集成各种模式的预报结果，突出预报能力强的模式的预测结果，从众多的预报结果中提取最有效的信息，在预报实践中显得十分重要。集成的客观方法一般是对各个不同模式的预报性能进行评估，并在此基础上，对模式结果综合集成。最近，从美国国家环境预测中心发布的综合预测结果上看，也开始采用多个模式进行预报集成（见图 6.9）。

在 ENSO 的业务预报实践中，气候监测和诊断分析信息对预测未来 ENSO 状况演变起着举足轻重的作用。这一部分的分析预测结果结合模式的预测就显得十分重要。因此，真正意义上的 ENSO 综合预报必须包含多种模式的预报结果和由监测诊断结果得出的预报信息的综合预报结果。多年对 ENSO 预报的实践经验表明，利用综合预报方法可以较好把握 ENSO 发展趋势，能够满足我国短期气候预测的基本需求，但要对 ENSO 事件的发生作半年

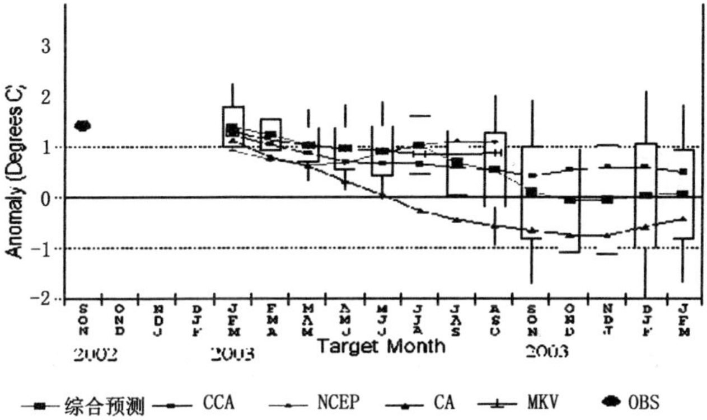

图 6.9 美国国家环境预测中心 2002 年 12 月制作的 2003 年 Nino3.4 区的综合预测结果

（引自 www.cpc.ncep.noaa.gov）

以上比较准确地预报，仍然十分困难。

第七章

对 策

加强合作，提高研究水平

加强不同学科间的合作

厄尔尼诺对全球气候、环境和社会产生的巨大影响，使其在最近几十年内受到广泛的关注。厄尔尼诺是气候系统中数年出现一次的特有的自然现象，它肯定还会以其特有的方式给人类经济和生活带来更大的影响和冲击。显然，研究与预测厄尔尼诺及其影响，是人类减灾防灾的重要途径之一。

虽然在20世纪人类对厄尔尼诺和拉尼娜及其影响有了深刻的认识，但是至今为止，我们仍然不完全清楚厄尔尼诺和拉尼娜的形成机制，也无法完全依靠单一模式准确预报厄尔尼诺和拉尼娜，此外，对厄尔尼诺和拉尼娜影响的认识也十分粗略。一些更为深刻的科学问题，如“随着全球气候越来越暖，厄尔尼诺是否更趋频繁”，“厄尔尼诺对人类社会的影响到底有多大”，这些问题至今都没有十分明确的答案。要回答这些问题，单靠气象学或海洋学家很难实现。

ENSO 与大气和海洋过程紧密相连，把厄尔尼诺/拉尼娜分割成单一的海洋或大气行为都十分不利于提高厄尔尼诺的研究水平。事实上，分析对厄尔尼诺认识的发展历史可以清楚地看到不同学科间的合作对 ENSO 的科学认识有着重要的推动作用。

有关厄尔尼诺和拉尼娜的科学认识实际上起源于大气。1928 年印度气象台台长沃克博士在利用气象资料研究印度的异常干旱预报方法时的重大发现对厄尔尼诺和拉尼娜研究具有突破性的作用。他发现东南太平洋和印度洋气压之间跷跷板式的关系，并将这一气压型定义为南方涛动。

在 1950 年代，一些科学家也开始注意到秘鲁沿岸高的海表温度与热带太平洋气压的微小差异有关联。1957 年为国际地球物理年，这一年世界各国不同学科的科学家合作以提高对固体地球、海洋、大气的实际认识。结果是全世界科学家们对地球开展了全面的观测。1959 年，斯克利普斯(Scripps)海洋研究所的科学家召集一批学者讨论了这种现象，但直到六十年代，洛杉矶加州大学的气象学家皮叶克尼斯初步将南方涛动和厄尔尼诺联系起来，指出了沃克的南方涛动与厄尔尼诺之间的联系机制。

1975 年美国夏威夷大学威特基(Wyrtki)侧重从海洋科学的角度跟踪观察太平洋的海平面高度变化，并建立了西太平洋表面暖水向东流引起东太平洋海表温度上升的学说，接着，研究人员采用一种理想化的海洋模式证实了赤道西太平洋风的变化能引起秘鲁沿岸海表温度的变化。

1982/83 年这次强厄尔尼诺事件出乎意料地发生使得科学家们意识到了对厄尔尼诺及其影响的认识仍然存在很大不足。1985 年，世界气象组织发起了为期十年的热带海洋-全球大气计划，气象学家和海洋学家手挽手的共同努力为研制出真正有效的海洋-大气耦合模式铺平了道路，对厄尔尼诺的监测和预测起到了巨大的推动作用，使 ENSO 循环过程的许多新理论应运而生。这种模式将所有得到的信息结合起来跟踪大气海洋相互作用的变化，运用这种模式，使得预测长期气候振动成为可能。

然而，如果没有现代数学、物理学的发展、没有配合模拟厄尔尼诺特征的计算机技术和计算科学以及卫星观测和通讯等技术高速同步发展，也无法对厄尔尼诺、特别是海洋大气相互作用的理论有今天这样深入的认识，也无法对厄尔尼诺和拉尼娜开展连续的、大规模的、系统性的观测，并及时把各种观测资料及时发送到有关机构、科学家和业务人员手中，开展厄尔尼诺及其影响的监测、预测以及可能影响的评估。

从中国的实际状况来看，对厄尔尼诺和拉尼娜的经济和社会影响的认识还十分肤浅，每当厄尔尼诺来临，政府和公众关注到厄尔尼诺到底对我国会产生什么影响时，科学家们常常很难给出肯定的答复，更难以给决策者提供针对厄尔尼诺采取防范措施的科学建议。这一方面是因为 ENSO 对中国的影响十分复杂，另一方面是由于对厄尔尼诺影响的研究还十分不足所致。因此，我们国家完全有必要大力开展 ENSO 对我国农业、水资源和经济等的影响与对策的研究。

有关厄尔尼诺的影响和对策问题还牵涉到气象、海洋以外的包括农业、林业、水利等甚至与社会科学有关的更为广泛的领域的研究。因此，只有所有与厄尔尼诺科学问题有关的不同学科的科学家共同合作，才能进一步有效地推动厄尔尼诺的有关研究；只有在政府的大力支持下，不同部门间有效地协调与合作，才能真正做到趋利避害。

加强不同国家和地区间的合作

ENSO 还是一个具有全球尺度的科学问题。早在热带海洋-全球大气计划实施之前，科学家们就已经认识到 ENSO 的空间尺度可以通过大气环流影响到全球许多地区。因此，即使仅建立一个热带太平洋上的有限的海洋和大气观测系统，也必须有许多国家和地区的支持。

厄尔尼诺监测网—TOGA-TAO 阵列的建立和维护得到了有关国际组织支持，是不同国家和地区共同合作的典范，美国、法国、日本和中国台湾等国家和地区对此监测网的建立和正常运行做出了重要贡献。

随着 TOGA 计划的顺利完成，人们对 ENSO 及其影响具有了更加深入的认识。因此，又提出了气候变率与可预报计划（CLIVAR），该计划的研究重点是大气和海洋及其相互作用以及气候系统季度到百年的气候变率，包括 ENSO 变率和可预报性以及人类活动引起的气候变化。该计划的三个子计划之一——CLIVAR-GOALS 主要研究全球海洋-大气-陆地系统的季-年际气候变率和可预报性。全球海洋和大气观测系统计划和实施将受到 CLIVAR 计划的大力支持，要建立这样一个覆盖范围比 TOGA-TAO 阵列更广的长期观测系统，离开了不同国家和地区间的通力合作就不可能成为现实。将为 ENSO 研究和应用做出重大贡献的全球海洋观测系统（GOOS）和全球气候观测系统（GCOS）的建立受到了各国政府、国际组织等的支持，特别是世界气象组织（WMO）的支持，但也必须由各成员积极奉献本国和本地收集的有关观测资料，特别是大气和海洋资料，才使得我们有可能从全球气候系统的高度来分析和研究厄尔尼诺这样复杂的科学问题。

可喜的是，我国也成立了全球气候观测系统中国委员会，最近又编制了《中国气候系统观测计划》，将根据全球气候观测系统和我国气候研究及业务的长远需求，对国内各成员部门按统一的规划，既分工又合作地建设气候观测系统，开展气候系统的观测，共享气候系统观测数据。这是针对解决像厄尔尼诺这样的科学问题所采取的重要对策和举措之一，将为全球气候观测系统做出重要的科学贡献。

此外，在厄尔尼诺形成机制及其影响以及有关 ENSO 预测与全球气候系统模式发展方面，也需要通过不同国家和地区的科学家积极的交流才有可能不断取得重要进展。

WMO 等国际组织早就认识到了研究合作的重要性，并积极通过世界研究计划（WCRP）等组织、协调国际上有关厄尔尼诺研究问题。像美国这样的科学大国，也全力组织国际气候研究院（IRI），利用不同国家和地区的研究和技术力量，积极开展厄尔尼诺监测、厄尔尼诺预测以及与厄尔尼诺有关的从季到年的短期气候预测研究和试验。

得到国家气候中心的积极支持，我国科学家也通过亚太地区全球变化研究网络（APN）的支持，组织了中国、日本、韩国、菲律宾、泰国、越南、印度尼西亚和澳大利亚等国在收集厄尔尼诺有关资料和信息、承担科学研究、评估 ENSO 和暖池对气候的影响、改进监测系统和厄尔尼诺/拉尼娜预报系统、建立网络发布产品等方面作出了积极的贡献。

我国是一个地处太平洋西岸、明显受到东亚季风影响的大国，在厄尔尼诺有关的国际合作中应该扮演一个重要的角色，这样一方面积极参与像厄尔尼诺这样的重大科学问题研究，为国际社会作出贡献，同时也利于提高我国有关厄尔尼诺及其影响研究的科学水平和能力。

加强厄尔尼诺的监测和预测

充分利用气候系统观测资料

观测技术的发展对厄尔尼诺的科学认识起到了十分重要的推动作用。

19 世纪末，南美沿海的渔民在自己长期的捕鱼实践中发现了神秘的自然力量，创造了厄尔尼诺这样一个与神有关的令人充满遐想的词汇，用来指出现在圣诞节前后的秘鲁和厄瓜多尔沿岸有限范围内的海水周期性增暖的现象。沃克对南方涛动的发现是在基于全球气象观测网中挑选出来的40年温度、气压和降水资料经过仔细分析取得的。1957年,前苏联发射了第一颗人造卫星,对各种科学研究起到了一个明显的推动作用。这一年被确定为国际地球物理年(IGY),全世界科学家们对地球开展了全面的观测。他们不仅收集了大气观测资料,而且还有整个太平洋的海表温度资料。基于这些资料的研究,在1960年代皮叶克尼斯指出了南方涛动与厄尔尼诺之间的联系,而且揭示了其联系机制。而最近10多年有关ENSO循环理论的发展、ENSO动力模式的建立与运行都是直接得益于TOGA-TAO观测阵列的建立。

随着人们对气候系统认识的不断深化以及人类社会对气候变化需求的不断提高,对建立长期稳定并保持连续观测的全球气候观测系统的需求也越来越强烈,受到世界气象组织(WMO)、政府间海洋委员会(IOC)、联合国环境署(UNEP)和国际科学联盟理事会(ICSU)的支持,在1992年第二次世界气候大会之后确定了全球气候观测系统(GCOS)。GCOS试图建立一个长期的面向用户的业务系统,以实现气候系统的监测,达到检测气候变化信号及原因,评估气候变异和变化的影响,支持气候系统机制研究、模拟预测的目的。它将利用实地观测和空基观测方法观测整个气候系统包括其物理、化学和生物特性。全球观测系统将特别注重观测资料的收集、观测校准技术、资料管理能力的强化、资料综合和同化技术的提高、新观测技术的评估,并且努力监视观测网络的完整、准确和一致性等方面的问题。

观测资料不仅可以帮助我们研究气候系统本质及各层圈之间相互关系,认识ENSO形成及其影响的物理过程,而且可以帮助为气候数值模式提供验证、为ENSO及其影响的预测提供初值。充分利用国际合作的成果,为我国的ENSO有关研究、ENSO监测和预测以及ENSO影响评估工作,我们需要认识到:

建立完整的资料分析系统,是进一步提高我国ENSO有关的科学研究和业务的重要对策和手段之一。观测技术的发展决定了

ENSO的认识水平，在国际合作不断加深、各类资料不断丰富的今天，我们要积极参与和贡献我国有关的大气和海洋的观测资料；同时一定要积极开发和利用全球气候系统中的各种观测资料，以推动我国ENSO监测和预测及其影响评估的研究和业务能力。从目前我国的实际状况来看，加强我国ENSO监测和预测能力最重要的工作之一就是要加快建立海洋和大气资料的分析和同化系统。一些具有较强的ENSO监测和预测业务的国家如美国、日本、澳大利亚、英国等都具有其资料分析系统，其中以美国最为完备。如美国国家环境预测中心(NCEP)既有完整的大气和海洋资料分析系统，充分利用了探空观测、卫星观测、船舶观测和各类浮标观测等多种手段得到的资料，又可以准实时地提供候以上的全球大气和周以上海洋分析资料；佛罗里达大学(FSU)具有海洋表面的风应力分析系统、太平洋海洋环境实验室(PMEL)侧重对热带海洋全球大气计划(TOGA)的热带大气海洋观测阵列(TAO)计划取得的锚定浮标采集到的资料、流动浮标采集的资料等进行分析。但在目前我国ENSO监测和预测业务系统中许多基本的资料来源于美国，而且主要通过英特网获得，这种状况亟须改变。

开发利用卫星观测资料对我国加强ENSO监测和预测具有十分重要的意义。卫星遥感观测可以提供覆盖全球的海面温度、海洋表面风场、海平面高度和热带对流活动等观测资料，同时还能提供许多有关气候和生物圈的影响观测资料。过去我国的气候监测主要限于常规观测资料和国家气象中心的客观分析资料，卫星观测资料没有得到很好的开发利用。目前，在Internet网上可以获取美国最近几十年的外逸长波辐射(OLR)资料，我国国家卫星气象中心开发使用了TBB观测资料，但卫星遥感资料在气候应用方面，尤其是海面温度、海平面高度、海洋表面风场等资料的开发及其在ENSO监测中的使用还需要进一步重视，只有在充分的有效的资料基础上，结合我国特点才能把我国ENSO监测业务水平进一步提高，也有利于建立我国有特色的ENSO预测业务系统。

改进监测方法和预测技术

虽然ENSO过程有其大致相同的特征，但每个ENSO事件都具有其各自的特点。而且，ENSO对气候的影响在很大程度上还取决于事件的强度、发生时间及其演变特征。因此，ENSO监测诊断对于深入认识ENSO形成和衰亡过程，检测气候异常强信号，深入研究气候变率及其可预报性，提高ENSO预测水平，对提高短期气候预测以及ENSO影响的评估能力和水平等具有十分重要的意义。为了促进我国对ENSO信号的科学应用，同时为国际社会提供独特的监测信息，我们需要根据中国的具体特点，进一步改进ENSO监测技术。

研究表明，ENSO循环过程与热带印度洋和西太平洋及其上空的大气环流异常紧密相关，因此，加强暖池及其上空大气的季节内振荡等监测，将更有利于揭示ENSO事件爆发的前期信号，同时它们本身对中国气候异常可能会产生直接影响。ENSO事件的发生可能与亚洲和澳大利亚季风活动等有关。同时，ENSO循环反过来也会影响亚澳季风系统，因此季风监测也必须结合ENSO监测受到高度重视。ENSO对我国气候的影响并不直接，而其它地区的海温异常可能更为重要。注意影响中国气候的邻近海区所反映的强信号监测也是重要的工作之一。虽然目前已经存在许多表征厄尔尼诺和拉尼娜的海洋和大气监测指标，但在一次厄尔尼诺或拉尼娜来临和结束之际，全世界往往没有完全统一的声音。由此看来，也许在厄尔尼诺和拉尼娜监测指标的研究上还需要进一步研究和拓展。

此外，最近的不少研究揭示了ENSO不仅以人们普遍关注的年际气候变率为主要特点，而且还存在年代际甚至更长周期的变化特点，因此建立长序列的ENSO资料集是ENSO监测与预测系统研究的重要内容，也是认识ENSO及其可预报性的重要基础和条件。

从预测角度上讲,目前国际上仍然没有一个模式可以完全准确地预测所有的ENSO过程,图7.1给出了国外12种不同ENSO预测模式对2002年ENSO的预测结果。可以看出,12个模式预测的结果十分分散,既有一些模式预测2002年春季出现厄尔尼诺,也有不少模式预测接近正常甚至变冷的。

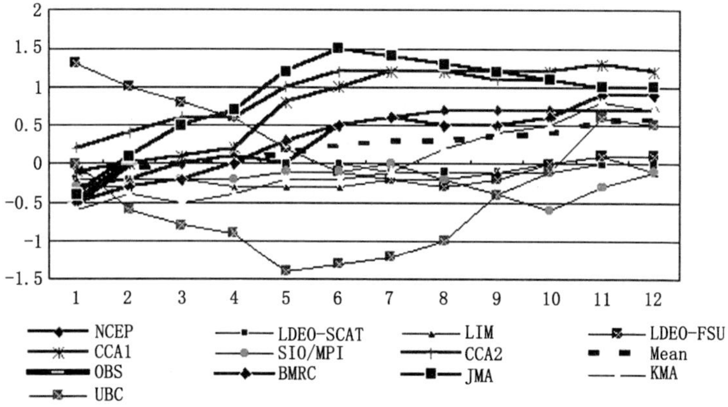

图7.1 国外12个不同ENSO预测模式对2002年Nino 3区海面温度距平的预测(中间粗虚线为12个模式预测结果的平均结果)(引自赵宗慈)

虽然我国已经有许多ENSO预测模式,也已经开始参加WMO组织的厄尔尼诺预测会商,但无论哪一种模式,都无法准确地预测每一次ENSO事件。我国在动力模式的探索和研究方面,已经引进和开发了不少模式,取得了很大的进展,但与国际上有影响的模式之间仍然存在一定距离。要在国际上产生一定影响,需要开展进一步更加精细和深入的研究,并汇集国内科学家的力量集中发展一个有中国特点的有影响的海气耦合动力模式,建立一个完整的以ENSO动力学模式为主的ENSO预测系统。在统计模式方面,我国多数模式只是利用Nino 3区的SST的历史序列进行预报,我国的统计模式没有有效地与海温场分布结构和赤道太平洋风场分布等联系起来,更没有考虑海温变化的季节依赖性。

促进监测与预测工作的结合

ENSO 监测不仅可以帮助我们认识 ENSO 及其影响的过程,为改进预测技术作贡献。它还可以为 ENSO 预测不断提供前期征兆和条件,为预测效果进行严格验证提供直接的证据。在实际业务运行中,ENSO 预测结果还常常需要依据监测结果进行不断补充修正(图 7.2)。这一方面是由于受到当前 ENSO 预测水平的限制,另一方面还受到海气相互作用的复杂性的限制。因为,虽然 ENSO 过程与热带海洋和大气中一些缓变的循环过程相联系,具有可预报的一面,但同时还显然受到大气中一些突然变化的因子的影响,使得预报工作变得十分困难。

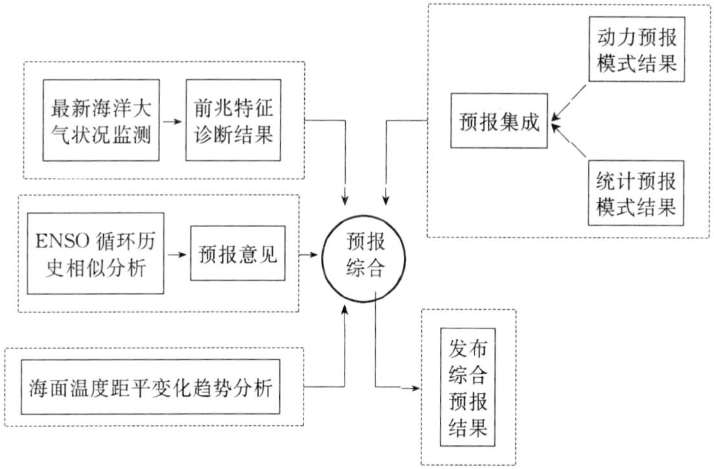

图 7.2 国家气候中心 ENSO 综合预报技术构成

图 7.3 反映出在 1998 年厄尔尼诺后期赤道东太平洋信风从异常偏弱的状态下迅速恢复正常,在一周之内使强度仍然很强的暖事件迅速结束。这表明,虽然海洋和大气特征中都反映出了与

ENSO循环过程相联系的缓慢的演变过程，但在ENSO爆发和结束时期热带海洋对大气的响应为何如此迅速，是值得进一步探讨的。ENSO过程受大气突变过程影响也表明，对ENSO过程的成功预测仍然十分艰难。

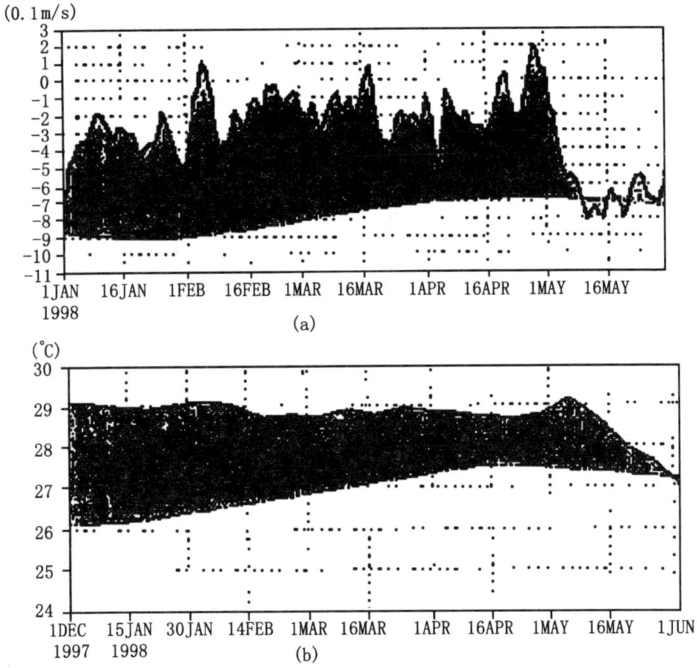

图7.3　赤道东太平洋(5°N～5°S，180～100°W)
850hPa纬向风(上)和SST(下)的变化
(虚线为1998年；实线为气候值；引自www.cpc.ncep.noaa.gov)

ENSO监测必须考虑预测的需求。ENSO监测包括哪些内容，发展哪些监测指标，建立哪些物理量场，都需要紧密结合预测所需条件、预测结果检验的需要来考虑。

ENSO监测和预测工作的紧密结合将有力地促进ENSO业务和研究的发展。

充分利用厄尔尼诺强信号

进一步认识厄尔尼诺/拉尼娜的影响

ENSO 是年际气候变化的最强信号，对全球气候产生着重要影响，ENSO 也是影响我国短期气候的一个重要因子。深入研究厄尔尼诺和拉尼娜，对于正确评估 ENSO 对农业产量、水资源管理、海洋渔业、能源需求与管理、人类健康以及粮食供应等问题具有十分重要的现实意义。在充分认识厄尔尼诺和拉尼娜影响的基础上及时提供其预报结果，可以帮助人类寻求各种响应对策。

厄尔尼诺和拉尼娜对中国的气候影响过程至今没有得到令人信服的解释，因此，在短期气候预报时，有时出现失误，无法满足政府决策者采取减灾防灾的有效措施。从我国的实际情况来看，东亚季风的强弱以及台风活动等对我国经济和人民生命财产影响巨大，1998 年气候异常给我国经济造成的重创至今使人难以忘怀。因此，加强 ENSO 与东亚冬季和夏季季风气候以及台风的关系研究，对于进一步认识厄尔尼诺和拉尼娜对我国的影响十分重要。

需要指出的是，开展厄尔尼诺和拉尼娜的气候与社会影响问题研究由于受到诸多其它因素的影响变得十分复杂和困难(图 7.4)。首先，全球气候变暖、年代际气候变率常常与 ENSO 信号交织在一起，甚至还制约着 ENSO 信号，使我们在气候系统中很难单独提取 ENSO 影响；同时短期气候异常还受到 ENSO 以外的其它因子的影响，如大西洋和印度洋海温异常、海冰、积雪和土壤湿度的影响等。因此，并不是在厄尔尼诺和拉尼娜时期出现的气候异常和气候灾害都是厄尔尼诺和拉尼娜的影响造成的。在我国，ENSO 的影响总是与其它因子交织在一起，没有哪两个厄尔尼诺和拉尼娜对气候产生完全相同的影响。

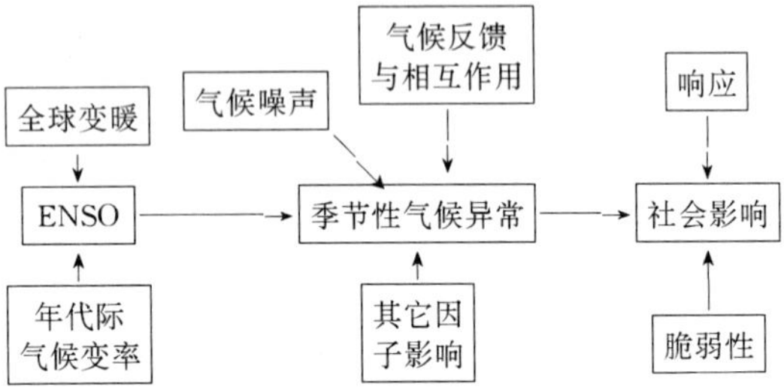

图 7.4 ENSO 通过气候异常对社会的影响示意图

ENSO 对气候的影响还表现为明显的阶段性，如厄尔尼诺与印度季风在 19 世纪后期和 20 世纪初关系十分密切，但在 20 世纪其它时期这种紧密的相关关系消失了。在 20 世纪 80 年代以前，厄尔尼诺与我国东北低温有很好的联系，但在 1997 年 20 世纪最强的厄尔尼诺发生之后，东北地区非但没有出现低温冷害，相反还出现了明显的高温天气。

从最近 50 多年来看，八十年代以来厄尔尼诺趋于频繁，20 世纪最强的两次厄尔尼诺都出现在最近 20 年里，这 20 年也是全球气候最暖的时期，而最近的气候变暖在很大程度上受到了人类活动的影响。ENSO 与人类活动以及全球变暖的关系到底如何，在科学上，至今没有定论。如果全球气候变暖将使厄尔尼诺更趋频繁，那么人类社会今后将经历更多的极端天气和气候事件，也将面临更多更大的自然灾害。因此，开展 ENSO 与人类活动以及全球变暖的关系的研究是我们应对自然灾害的重要步骤之一。

由此看来，我们有必要首先加强 ENSO 的气候影响研究，尤其是需要充分认识 ENSO 影响中国气候的过程和机理，认识 ENSO 与全球变暖的关系，揭示 ENSO 信号与其它因素的联系和区别，只有这样，我们才能真正利用好 ENSO 强信号，提高我国的气候预测水平。

充分挖掘厄尔尼诺监测信息的科学潜力

目前,我们从国内外都可以及时取得大量与ENSO有关的气候监测信息,这些信息以直观的图示和指数等形式给出。对这些信息进行认真、仔细的诊断研究,可以发现厄尔尼诺和拉尼娜的形成、发展和衰亡过程中海洋和大气之间微妙的相互作用关系和前期征兆,也可以发现海洋和大气之间紧密的联系。人类可以真正比较完整地监测ENSO过程是从1980年代中期开始的,到目前为止只有不到30年的时间,其中捕捉到的厄尔尼诺和拉尼娜过程非常有限,但我们已经认识到了每一次厄尔尼诺和拉尼娜的发生都有其独特之处,要全面认识ENSO过程,必须充分积累和挖掘厄尔尼诺监测信息的科学潜力,促进ENSO研究的不断深入。

把ENSO监测信息与气候系统监测信息相结合,可有机地建立ENSO与全球气候异常之间的联系,提高我们对ENSO与全球气候关系的认识。同时,还有利于提高我们对ENSO的社会影响的评估能力。

由于厄尔尼诺和拉尼娜的发生常常持续半年到一年半的时间,因此,监测到厄尔尼诺发生的信号,对气候和社会的影响,仍然具有超前的预测意义。例如,图7.5给出了厄尔尼诺次年夏季我国降水异常的合成分布情况,图中可以看出,厄尔尼诺次年夏季,长江及其以南地区降水趋于偏多,仅淮河流域降水趋于减少。利用厄尔尼诺监测信息和这种关系,结合影响中国夏季降水的其它影响因子可以为跨年度的气候预测提供科学依据。

为了把我国的ENSO监测产品及时提供给方方面面的用户,我们急需建立和维持ENSO新研究动态的中、英文英特网站。这同时对加强国际交流、扩大我国的气候业务影响十分有利。

科学利用厄尔尼诺预报结果

由于厄尔尼诺最直接影响的地区是热带太平洋地区,秘鲁成

图 7.5　厄尔尼诺次年中国夏季(6～8 月)降水距平
百分率图(引自国家气候中心，1998)
(粗实线为 0,等值线间隔为 10)

为国际上最早科学利用厄尔尼诺预报结果的典范。

秘鲁沿岸地区海面温度的异常变化足以对该国的渔业和农业产生大范围的影响。异常暖水(厄尔尼诺)年份对秘鲁的渔业十分不利,也容易给该国沿海平原地区和北部安第斯山西部山麓地区带来洪水。异常冷水(拉尼娜)年份很受渔民欢迎,但农民却很讨厌,因为它们经常带来干旱使农作物生长受到影响。1982～1983 年强厄尔尼诺引发的大洪水还没有完全消退,秘鲁的农民已经开始担心海面温度来年即将下跌,干旱即将来临,农业将欠收。秘鲁政府及时抓住了这个机会,对未来气候的转折进行专题研究。他们在 1983 年 11 月首先对下一个雨季(1984 年初)进行了预测,他们预计在 1984 年雨季赤道太平洋海面温度可能接近正常,对农业来说气候条件将十分适宜。这一信息被及时转达到许多组织和农业部,并纳入了 1983～1984 年生长季节的耕种计划,事实证明这一预报十分正确，农业获得了丰收。秘鲁北部广泛种植水稻和棉花两种农作物，它们对降水的季节性和降水量十分敏感。水稻在生长季节喜爱湿润的气候条件，但在成熟期需要干燥的条件。对于棉花，由于其根系较深，能够承受干旱的气候，因此，预报厄尔尼诺发生对农民来说可能将多种水稻少种棉花，预报拉尼娜发生时则相反。

ENSO 预测在短期气候预测中的使用技术

在利用 ENSO 预报结果进行气候预测时通常采用动力和统计两种技术。

动力学方法主要采用大气环流模式（AGCM）进行预测，ENSO 预测的结果作为边界条件输入，通过特定时间段的积分，就得到了气候预测的结果，目前常用的方法是对大气初值场进行微小的变换，形成多个预报结果，最终进行集成。

统计学方法一般根据历史上海温变化与某地气候的关系，利用特定海区的海面温度的预报结果，进行气候预报。

厄尔尼诺和拉尼娜对气候的影响在低纬度地区十分直接，因此在澳大利亚、巴西、埃塞俄比亚和印度等国其预报也得到了广泛的应用。此外，厄尔尼诺还影响到中纬度地区，近年来，美国、日本和中国等国家也开始重视利用厄尔尼诺和拉尼娜信号进行气候预测。

下面是美国国家海洋大气局气候预测中心（CPC）利用 1997/98 年厄尔尼诺预测结果对美国气候进行预测的一个例子。

利用 1914/1915 年、1918/1919 年、1940/1941 年、1957/1958 年、1965/1966 年、1972/1973 年、1982/1983 年、1986/1987 年、1991/1992 年和 1994/1995 年 10 个厄尔尼诺发生的冬季美国降水异常的统计分析发现，在厄尔尼诺发生的冬季，美国西北部地区降水明显偏少，东北地区气候也较为干旱，但在美国中部、西南部、东南部地区绝大多数年份都出现了多雨的气候条件。基于这种结论，并且预测到了1997/1998年冬季厄尔尼诺的发展，他们在1997年11月做出了预报。预测结果表明，在美国西北部、尤其是蒙塔纳州干旱十分严重，在西南部地区以印第安纳为中心也将出现干旱形势，但在美国南方大部尤其是西南部地区降水明显增多。观测到的实际情况表明，在美国印第安纳州1997/1998年冬季气

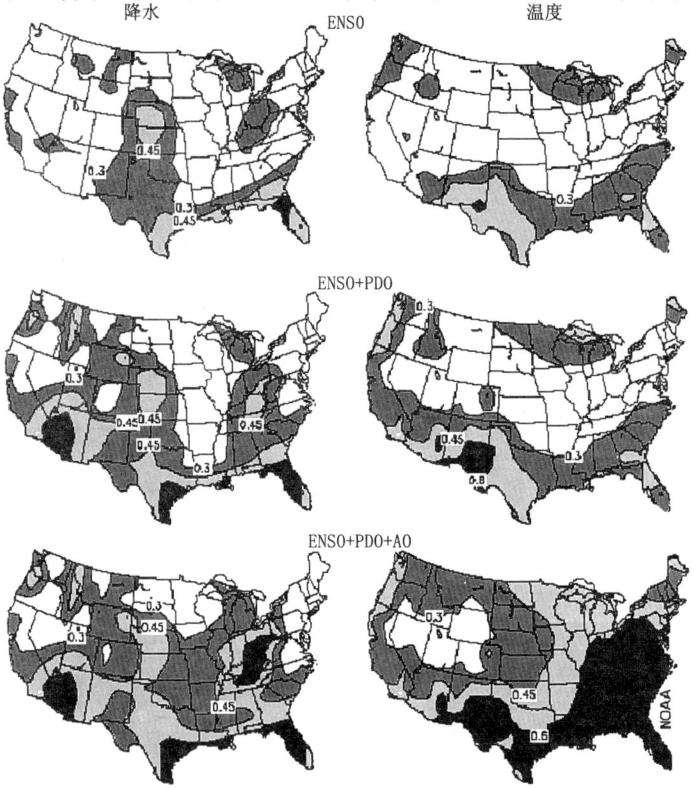

图7.6　上图为考虑ENSO信号对美国降水(左)和温度(右)的可预报性，中图为考虑ENSO和太平洋年代际振荡(PDO)两个因子的可预报性；下图为考虑ENSO、太平洋年代际振荡(PDO)和北极涛动(AO)三个因子的可预报性

(引自 www.cpc.ncep.noaa.gov)

候异常干旱,而在美国西南部、南部和东南部气候则异常潮湿,从干旱与潮湿的分布型也反映出了十分明显的预测效果。

但需要指出的是,ENSO 信号毕竟只是来自海洋的信号之一。图 7.6 给出了美国气候预测中心(CPC)在得到不同信号时对冬季温度和降水预报的一个例子。图中反映出,ENSO 信号对美国冬季温度和降水的可预报性主要集中在美国中南部和东南部;在加入太平洋年代际振荡(PDO)信号之后,美国西南部、西部和东部地区的可预报明显得到了提高;当进一步加入北极涛动(AO)信号之后,美国大部地区的温度和降水的可预报性大大提高,其中美国东部和南部地区已经达到了很高的可预报性。

中国科学家认识到厄尔尼诺和拉尼娜会影响到副热带高压位置和我国夏季雨带,因而成为影响中国汛期降水的重要因子之一(见图 7.7)。

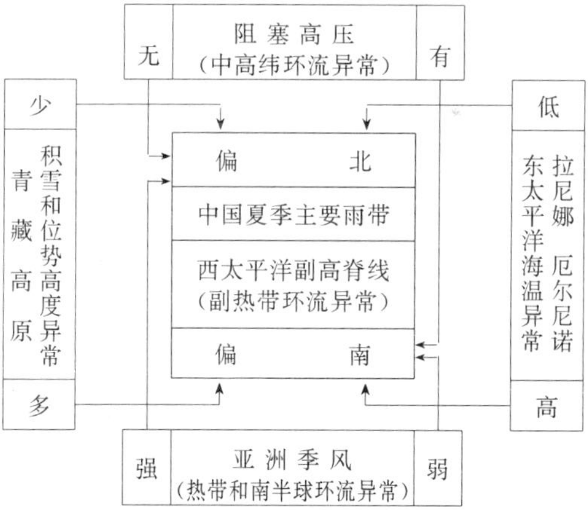

图 7.7 影响中国汛期旱涝的主要因子结构图

(引自赵振国)

利用 1997/98 年强厄尔尼诺发生这个强信号,结合青藏高原积雪异常等因子,我国提前预测了 1998 年夏季长江流域将有特大洪涝的发生(见图 7.8,见彩插),实际情况表明,1998 年夏季,长江流域发生了全流域性的严重洪涝灾害，无论是从降水异常程度还是从异常范围来看，1998年夏季降水预测均相当成功。同时，嫩江-松花江也发生了百年不遇的特大洪涝灾害，当地各级气象部门的预测也完全正确。

研究表明，厄尔尼诺对中国降水的影响具有明显的季节性特征，厄尔尼诺发生的夏季表现出了南方降水偏多、北方降水偏少；拉尼娜年大致相反。但ENSO与季度降水的关系并不是夏季最好，实际上秋季和冬季关系更为显著。

因此，在使用ENSO预测结果进行短期气候预测时，一方面要考虑其它因素的综合影响，同时还需要考虑ENSO对气候影响的季节性。

加强教育与宣传，提高认识水平

关于厄尔尼诺及其影响的研究在20世纪取得相当深入的认识，以此为基础人类已经开始尝试季度到年的气候预测，在许多国家已经利用厄尔尼诺预测结果作为减少自然灾害的主要途径之一。有关厄尔尼诺的研究将在21世纪受到更多的自然科学和社会科学家的高度关注。

鉴于厄尔尼诺对中国气候影响的复杂性以及现有科学认识水平的限制，常常使得我们无法给政府和公众一个完全肯定的关于厄尔尼诺及其影响的预测结论。

显然，科学家有必要向公众和政府宣传厄尔尼诺的科学知识。一方面，应该积极宣传厄尔尼诺研究能够给社会产生的巨大经济潜力，宣传21世纪人类极有可能通过对厄尔尼诺的深入研究提高短期气候预测水平和能力，只要政府给予充分的研究条件和经费上的支持，很可能在厄尔尼诺研究上取得重大突破。另一方面，我们还必须宣传目前人类对厄尔尼诺的认识水平，宣传厄尔尼诺对中国气候影响的复杂性，宣传我国气候预测中如何使用厄尔尼诺作为预报因子的。我们还更需要强调厄尔尼诺及其对气候、社会和经济影响预测上的不确定性。当政府和公众能够科学地认识到厄尔尼诺及其影响研究水平的现状之后，就能够科学地使用气候预测的结果，采取适当的、必要的防范措施。

附 录

英特网上的厄尔尼诺信息

国际互联网的发展和普及为我们实现信息的共享提供了快捷、方便、及时和行之有效的方法和手段。厄尔尼诺作为一个对全球诸多领域都带来重大影响的气候事件，引起了广大科学工作者、政府有关部门和社会各界的重视和普遍关注，其在互联网上的相关信息也非常之多。但是要在这浩如烟海的信息资源里(即使是使用搜索引擎，也将会列出成千上万条关于厄尔尼诺的条目)确切地找出自己需要的内容，通常也是要花费一些时间。为此，本章特列出了国际上较有影响的一些有关厄尔尼诺的网站，包括了科研、业务以及科普等方面的内容，以方便读者查找。

【名称】WMO 的厄尔尼诺主页

【网址】http://www.wmo.ch/nino/ninoi.html

【内容介绍】世界气象组织(WMO)的厄尔尼诺索引主页，有对近期 ENSO 事件的展望，1997～1998 年这次历史上最强的厄尔尼诺事件的技术报告，以及其他的 ENSO 网站的地址链接。

【名称】热带海洋与全球大气计划的厄尔

尼诺监测

【网 址】http://www. pmel. noaa. gov/tao/elnino/nino －home. html

【内容介绍】TOGA 作为世界气候研究计划的子计划之一，其中一个主要任务就是对厄尔尼诺、南方涛动进行监测和预测。该网站包括了近期厄尔尼诺、拉尼娜事件发展状况及其展望，近期的海温动态演变等内容。网站提供了大量厄尔尼诺监测的相关资料，包括 TAO 计划启用的锚定浮标采集的数据，流动浮标采集的数据，船舶观测资料，卫星遥感资料等等。另外，网站还包含了丰富的有关厄尔尼诺和拉尼娜的科普知识。

【名称】世界海洋循环实验（WOCE）网站

【网址】http://www. woce. org/publications/index. html

【内容介绍】有关海洋研究的文献集，包括海洋观测，研究的理论、预报模式的时事通讯（一年定期发行四期），WOCE 的会议和工作组的报告，以及 WOCE 近 6600 多篇文献的参考书目。

【名称】NOAA 的厄尔尼诺主页

【网址】http://www. elnino. noaa. gov/

【内容介绍】这是美国国家海洋大气局网站上关于厄尔尼诺的主页面。内容包括了厄尔尼诺的监测（http://www. elnino. noaa. gov/observ. html），厄尔尼诺的预测（http://www. elnino. noaa. gov/forecast. html），有关厄尔尼诺的研究（http://www. elnino. noaa. gov/research. html），还有其他相关的内容，主页上都提供了相应的地址链接。有关厄尔尼诺监测图形产品（http://www. elnino. noaa. gov/ani. html），提供厄尔尼诺监测的动态演示，历史图库。20 世纪 80 年代以来历次厄尔尼诺、拉尼娜事件期间的热带太平洋海温动态演变，近期的海温变化情况，全球海温实况，卫星监测实况等相关的监测产品。

【名称】NOAA 国家环境预测中心（NCEP）厄尔尼诺和拉尼娜监测和预测主页

【网址】http://www.cpc.ncep.noaa.gov/products/analysis_monitoring/lanina/

【内容介绍】美国国家海洋大气局气候预测中心关于厄尔尼诺和拉尼娜监测预测的主页。内容包括了未来数月美国气温、降水的预报,ENSO 监测的几个关键区的海温预测,专家对当前形势的诊断分析,一周的监测状况(包括大气、海表温度、次表层海温、OLR)等等内容。(http://www.cpc.ncep.noaa.gov/products/analysis_monitoring/enso_advisory/)提供最新 ENSO 监测结果分析,对近期的热带太平洋海洋大气状况进行分析,同时提供图表参考,根据诊断分析和模式结果对 ENSO 事件作了预报,并对由此带来的全球气候影响做了展望。

【名称】海一陆一气研究中心(COLA)

【网址】http://grads.iges.org/cola.html

http://grads.iges.org/ellfb/contents.htm

【内容介绍】COLA 致力于海陆气耦合动力模式的研究,以期提高气候变化变率预报的准确率。该网站在 ENSO 预报方面,对超长期试验预报中的各个预报模式做了介绍,并给出了有关 ENSO 和热带 SST 的预报效果,以及利用这些信息进行气候预测的结果,预报模式包括了动力模式和统计模式等。

【名称】国际气候预测研究所(IRI)的 ENSO 网站

【网址】http://iri.columbia.edu/climate/ENSO/

【内容介绍】IRI 关于 ENSO 的一个综合性网站,内容包括了 ENSO 系统的概要(ENSO 的定义,监测、预测、模式的预报等等),ENSO 和气候影响评价,ENSO 对全球社会影响的估计,当前 ENSO 监测的信息。

【名称】NOAA 的全球计划机构的 ENSO 主页

【网址】http://www.ogp.noaa.gov/enso/

【内容介绍】这里比较详细的介绍了厄尔尼诺的诊断预测方法,包括了对海温,风场,SOI 等要素的监测。除此之外,还提供了气候预测中心最新的厄尔尼诺监测诊断和预报结果。

【名称】NOAA 的气候诊断中心 ENSO 主页

【网址】http://www.cdc.noaa.gov/ENSO/

【内容介绍】包括了 ENSO 的一些背景知识(如介绍了 ENSO 循环期间海气的变化状况),近期对于 ENSO 监测的信息(如当前对热带海气的监测情况,全球的降水、海表温度、各高度场的风场、海平面气压,近期海温的演变,ENSO 指数等等),对 ENSO 的预报(包括模式预报),对历史上 ENSO 事件的回顾,以及该中心在 ENSO 研究方面的一些热点问题。

【名称】《ENSO 信号》和厄尔尼诺术语

【网址】http://www.esig.ucar.edu/signal/index.html

【内容介绍】美国大气研究中心的环境与社会影响评估组每年发行四期《ENSO 信号》,其内容包括关于 ENSO 的文章和出版刊物,已经召开和即将召开的有关 ENSO 的会议概要,相关的工作和学术交流机会,相关的网站链接等。(http://www.esig.ucar.edu/elnino/glossary.html)厄尔尼诺的术语,很多科学家常常交替使用 EL NINO 和 ENSO,或者是用暖事件来形容中东太平洋的暖水状况,用冷事件表示南方涛动的反位相。这些概念之间有什么相似之处和区别呢?这里这些专业术语一一做了定义。

【名称】厄尔尼诺的常识和海洋观测船舶

【网址】http://www.pmel.noaa.gov//tao/elnino/faq.html#climate-predict

http://www.pmel.noaa.gov/~kessler/occasionally-asked-questions.html

【内容介绍】什么是厄尔尼诺?为什么发生厄尔尼诺?厄尔尼诺会带来什么影响?怎样对厄尔尼诺进行监测?诸如此类的问题,在这里都可以找到答案。这两个网站包含了大量丰富的关于厄尔尼诺和拉尼娜的常识,是了解气象科普知识的好地方。(http://www.pmel.noaa.gov/tao/kaimi/index.shtml)NOAA 的

KA'IMMOANA 号船舶负责维修 TAO 安置在热带太平洋上的阵列式浮标，这些浮标用于采集海气要素数值，为厄尔尼诺监测提供原始数据。该网站详细介绍了 KA'IMMOANA 号的相关情况。

【名称】澳大利亚国家气象局气候监测预测网页

【网址】http://www.bom.gov.au/climate/

【内容介绍】提供了近期的气候监测的详细信息(包括了全球月平均海温及其距平，SOI 指数，周的热带气候概况，澳大利亚月降水量，月气候概况等)，对 ENSO 事件、澳大利亚的气温、降水等进行气候预测，以及全球气候变化，气候影响评价等相关内容。

【名称】ENSO 情报网站

【网址】http://www.longpaddock.qld.gov.au/

【内容介绍】基于为澳大利亚农业服务，由澳大利亚昆士兰州政府主办的该网站提供了最新的厄尔尼诺，相关的天气气候现象的监测和预报(包括降水、牧草长势、卫星火警、旱情等监测，人类活动对气候变化的影响等)。值得一提的是，这里还提供了每日最新的 SOI 指数。

【名称】亚太地区 ENSO 和西太平洋暖池监测(APN)网主页

【网址】http://ncc.gov.cn/apn.html

【内容介绍】由亚太地区各国合作(包括澳大利亚、中国、日本、韩国、马来西亚等国家和地区)，中国气象局国家气候中心负责主办的亚太地区 ENSO 和西太平洋暖池监测和预测网站，其宗旨是为 ENSO 的监测与研究提供及时准确综合的数据和信息。其主要内容是热带太平洋地区的海洋、大气监测，暖池变化、季风和 ENSO 事件对亚太地区的天气气候的影响评价。该网站由四个部分组成，即 ENSO 的监测(ENSO Monitoring)，ENSO 的预测(ENSO Prediction)，1951 年以来历次厄尔尼诺和拉尼娜事件的回顾(ENSO Historical Perspectives)，以及其他相关的数据(ENSO Data)。

【名称】日本气象厅分布式数据库(DDB)网站的厄尔尼诺监测

主页

【网 址】http://ddb. kishou. go. jp/climate/ElNino/elmon. shtml

【内容介绍】由日本气象厅负责的 DDB 是应世界气象组织(WMO)提出的分布式数据库而成立的，它为 WMO 和相关的国际的研究计划提供气象信息和数据。其厄尔尼诺监测主页的内容包括了对当前厄尔尼诺事件的诊断分析和对厄尔尼诺事件发展的预测。提供了热带太平洋海温和大气监测各项指标的图表说明，模式预报的结果，并结合诊断分析，给出其预报的结论。另外在月气候监测(http://ddb. kishou. go. jp/climate/MRCS/)主页里，列出了当前各月的气候监测情况。其内容包括了当月气候概况，当月日本及全球的气温、降水等各气象要素的监测结果，热带大气环流、对流监测，中高大气纬度环流监测，热带海洋监测等等。

【名称】韩国气象局的厄尔尼诺和拉尼娜的监测预测

【网址】http://www. kma. go. kr/ema/eindex. htm

【内容介绍】包括了对周的、月的海表温度和次表层海温监测图，提供其动态演示图。列出了本世纪 50 年代以来历次厄尔尼诺和拉尼娜事件期间其海表温度的演变特征。给出了热带太平洋海温及其海温关键区的预报结果，并对各预报模式做了介绍。

【名称】加大拿气象局(MSC)的厄尔尼诺网页

【网址】http://www. msc－smc. ec. gc. ca/education/elnino/index_e. cfm

【内容介绍】对过去和当前的 ENSO 事件对加拿大和全球的气候影响作出评论，动态演示 ENSO 事件对加拿大的气候和极端气候的变化影响。通过对 ENSO 现象的解释，对历次 ENSO 事件做了比较，并对当前的 ENSO 事件做了预报。(http://www. msc－smc. ec. gc. ca/cd/brochures/elnino_e. cfm)分析了 1997/98 年厄尔尼诺事件对加拿大的影响以及这次历史上最强的厄尔尼诺事件与以往的不同，它对加拿大以及全球带来的气候影响和经济损失。

【名称】欧洲中心中长期气候预测

【网址】http://www.ecmwf.int/products/forecasts/seasonal/

【内容介绍】内容包括预测内容的简介和示例，当前全球海温的分析，气候预测，以及相关的文档。

【名称】挪威气象科学研究院厄尔尼诺主页

【网址】http://met.no/english/topics/el_nino/index.html

【内容介绍】厄尔尼诺的详细介绍。厄尔尼诺的定义，现象的解释，对世界天气气候的影响，与全球气候变化的关系，以及厄尔尼诺的预报。

【名称】荷兰代夫特地球空间研究所(DEOS)

【网址】http://www.deos.tudelft.nl/ers/enso/

【内容介绍】DEOS 致力于卫星雷达监测结果的分析研究，其研究领域涉及到地球学科的多方面内容。在 ENSO 监测的主页上，列出了由欧洲遥感卫星探测的近期热带太平洋海平面高度的监测结果；当前的 SOI 指数，海温监测关键区的海温指数，以及其他有关的内容。

【名称】马尔代夫群岛的珊瑚礁在褪色

【网址】http://www.deeperblue.net/article.php/261/13

【内容介绍】阐述了厄尔尼诺对马尔代夫群岛的珊瑚礁群的影响。

【名称】厄瓜多尔农业和海洋研究中心(西班牙语)

【网址】http://www.cenaim.espol.edu.ec/

【内容介绍】对厄尔尼诺的诸多影响给予评价。

【名称】秘鲁气候预测中心(西班牙语)

【网址】http://www.met.igp.gob.pe/

【内容介绍】该网站包含了卫星资料，气候、海温预测等与 ENSO 相关的内容。

【名称】厄尔尼诺报告(葡萄牙语,巴西)

【网址】http://www.senado.gov.br/web/relatorios/elnino/fenomeno.htm

【内容介绍】关于厄尔尼诺的一个比较详尽的学术报告。

【名称】非洲水资源管理和利用网站

【网址】http://www.thewaterpage.com/el_nino.htm

【内容介绍】致力于非洲地区的水资源保护和合理利用,网站上也包含了关于厄尔尼诺的一些常识性知识和相关站点的链接地址。

【名称】美国环保署(EPA)网站的全球变暖主页

【网址】http://yosemite.epa.gov/OAR/globalwarming.nsf/content/index.html

【内容介绍】关于全球变暖的主题,其对气候的影响,对地球资源的影响,人类活动对大气的影响等。

【名称】佛罗里达大学海—气预报研究中心(COAPS)网站

【网址】http://www.coaps.fsu.edu/

【内容介绍】佛罗里达大学海—气预报研究中心致力于海气相互作用及其对社会经济的影响的研究,该网站包含了相关的研究参考书目(包括ENSO、热带海洋、印度洋、海涌、气象学、海洋生物学、数学统计分析等各分支学科),关于ENSO研究的信息(ENSO指数,ENSO监测的动态图演示,ENSO对气候、极端事件、海洋、社会的影响)等与厄尔尼诺研究有关的内容。

【名称】美国国际开发署饥荒预警系统

【网址】http://www.fews.org/imagery/sat_nino.html

【内容介绍】在非洲,食品的花费在当地人民的收入中占到了相当大的比例,由于受到气候变化的影响,粮食产量的年际差别很大,该系统通过跟踪监测以期望达到对此预警的作用。该厄尔尼诺主页对1997/98年厄尔尼诺事件,1999/2000年拉尼娜事件对非洲气温、降水的影响做了较为详细的描述。

【名称】太平洋ENSO研究中心(PEAC)ENSO主页

【网址】http://lumahai.soest.hawaii.edu/Enso/index.html

【内容介绍】PEAC成立于1994年,其成员包括NOAA全球计划署(OGP),NOAA太平洋区域天气署(NWS－PG),夏威夷大学海洋与陆地科技学院(UH－SOEST),关岛大学水与能量研究学院(UOG/WERI),以及太平洋区域发展委员会(PBDC)。其主要任务是致力于有关ENSO气候循环的信息产品的开发与发展,ENSO事件的气候影响评价,ENSO的长期预报的研究,为美国在太平洋地区的附属岛屿的对气候敏感的部门和行业(如水资源的管理,渔业,农业,民防系统,公共设施和其他的经济、环境部门)服务。

【名称】厄尔尼诺对海洋生物影响的研究

【网址】http://www.csa.com/hottopics/elnino/

【内容介绍】该主页上的内容是剑桥大学学术摘要里厄尔尼诺方面的文章索引,包括了诸多关于厄尔尼诺对海洋生物的影响的文献。

【名称】厄尔尼诺文献参考

【网址】http://www.lib.noaa.gov/edocs/elnino.html#highschool

【内容介绍】气象学者们在对厄尔尼诺数十年的研究和探索中,不断提出了新的观点和新的理论,使得以往的一些理论面临挑战,或者被推翻。该网页列出了1964～1998年期间许多有关厄尔尼诺研究的参考文献,可以从中对各个时期厄尔尼诺的研究进展有所了解。

【名称】厄尔尼诺影响研究的文献参考

【网址】http://www.coaps.fsu.edu/lib/elninobib/

【内容介绍】提供了厄尔尼诺影响研究文献的检索,对其在诸多不同方面的影响给予分类。列出了农业、气候、干旱、火灾、洪水、天然气、降水、降雪等各方面的对各地区不同的影响的参考文献。

【名称】厄尔尼诺与全球变暖的关系

【网址】http://www.sepp.org/scirsrch/elnino.html

【内容介绍】一些气候模式实验表明厄尔尼诺发生频率的增加，与温室效应带来的全球变暖有关。而有的模式的结论则认为，赤道东太平洋低层的冷水上涌的正反馈过程为拉尼娜的发生创造了有利条件，进而会延迟全球的变暖。但是在环境与科学规划策略(SEPP)的网站上该篇文章却指出，经统计研究发现，作为厄尔尼诺监测重要指数的赤道东太平洋海温的高低与全球平均气温并不存在相关，厄尔尼诺发生的频率与全球变暖不存在联系。另外这里还列出了一些有关厄尔尼诺与全球变暖研究的文献。

【名称】关于厄尔尼诺常见问题的解答

【网址】http://www.aoml.noaa.gov/general/enso_faq/

【内容介绍】这里就厄尔尼诺对公众的随机问卷调查，列出了大家普遍关注的或是混淆的问题，并作出了回答。包括了厄尔尼诺的基本常识，厄尔尼诺对天气气候的影响，厄尔尼诺对海洋生物的影响，厄尔尼诺对地球上各地区不同的影响，目前对厄尔尼诺的预报能力等等内容。

【名称】关于全球变暖

【网址】http://www.vision.net.au/~daly/index.htm

【内容介绍】这是由澳大利亚的一位气象科普学家主办的有关全球气候变暖的网站，内容包括了温室效应研究方面的术语介绍，有关气候公约的相关报道，有关媒体对近期环境与气候的影响的报道，最近气候监测的结果(如海平面，海表温度，ENSO 指数等)，以及其他相关的内容。

【名称】暖水与暖湿空气

【网址】http://sln.fi.edu/weather/nino/nino.html

【内容介绍】从科普的角度解释了在厄尔尼诺期间，热带东太平洋海温的增高如何影响到其上空的大气状况，进而影响到天气气候的变化。

【名称】ENSO 的数学模型

【网址】http://www.sci.wsu.edu/idea/El－Nino/welcome.html

【内容介绍】利用数学模型对 ENSO 的物理特性给予了解释，从数学角度详细地介绍了热量和动能在海气之间，海域之间的交换过程，以及建立 ENSO 预报模式的基本原理方法。通过对这个相对简单的模式的分析，具备基本数学功底的读者能够比较容易的对 ENSO 这一复杂系统的各基本要素有所领会。

参考文献

北京气象中心气候资料室.1990.世界异常气象事件及其影响,北京:海洋出版社
朝仓正.1991.气候异常与环境破坏.北京:气象出版社
巢纪平.1993.厄尔尼诺和南方涛动动力学.北京:气象出版社
陈烈庭.1977.东太平洋赤道地区海水温度异常对热带大气环流及我国汛期降水的影响.大气科学,(1):1～12
《大气科学辞典》编委会.1994.大气科学辞典.北京:气象出版社
冯佩芝等.1985.中国主要气象灾害分析(1951～1980).北京:气象出版社
符淙斌,腾星林.1988.我国夏季气候异常与厄尔尼诺/南方涛动现象的关系.大气科学,(特刊):133～141
龚道溢,王绍武.1999.近百年全球气温变化中的ENSO分量.地球科学进展,14(5):513～523
龚道溢,王绍武.1998.ENSO对中国四季降水的影响,自然灾害学报,7(4),44～52
国家气候中心.月气候监测公报.多年
国家气候中心.气候影响评价.1982～2001.北京:气象出版社
国家气候中心.1998.'98中国大洪水与气候异常.气象出版社
郭艳君,翟盘茂,倪允琪.1998.一个新的ENSO监测指数的研究.应用气象学报,9(2):169～177
Glantz M H.1998.变化的洋流—厄尔尼诺对气候和社会的影响.王绍武,周天军编译.北京:气象出版社
黄荣辉.1986.冬季低纬热源异常对北半球大气环流影响的物理机制.中国科学(B辑),(1):91～103
黄荣辉.1990.引起我国夏季旱涝的东亚大气环流异常遥相关及其物理机制研究.大气科学,14(1):108～117
李崇银.1989.频繁的强东亚大槽活动与厄尔尼诺的发生.中国科学(B辑),

(6):667～674

李崇银.2000.气候动力学引论.北京:气象出版社

李若纯,孙瑞本等.1990.强火山爆发与厄尔尼诺事件.气象学报,48(2):220～223

李晓燕,翟盘茂.2000.ENSO事件指数与指标研究.气象学报,58(1):102～109

李晓燕.1997.九十年代以来全球重大天气气候事件回顾.自然灾害学报,6(3):31～40

孟文,吴国雄.1998.赤道印度洋—太平洋地区海气系统的齿轮式耦合和ENSO事件,Ⅱ:数值模拟.大气科学,24(1):15～25

倪允琪.1993.气候动力学.北京:气象出版社

Peixoto J P,Oort A H.1995.气候物理学.吴国雄,刘辉等编译.北京:气象出版社

全球气候观测系统中国委员会.2002.中国气候系统观测计划

任振球,张素琴.1986.地球自转减慢与厄尔尼诺现象的形成.气象学报,44(4):411～416

Robert W Kates.1988.气候与社会的相互作用.气候影响评价译文集.气象出版社

盛承禹等.1986.中国气候总论.北京:科学出版社

盛承禹.1988.世界气候.北京:气象出版社

王绍武.1994.气候系统引论.北京:气象出版社

王绍武.2001.现代气候学研究进展.北京:气象出版社

王绍武.2001.气候诊断与预测研究进展(1991～2000).北京:气象出版社

吴国雄等.1986.厄尔尼诺海温异常对纬向经圈环流及大气输送特征的影响.中国科学(B辑),(10):1108～1120

吴国雄,孟文.1998.赤道印度洋—太平洋地区海气系统的齿轮式耦合和ENSO事件,Ⅰ:资料分析.大气科学,22(4):470～480

杨修群,谢倩等.1996.一种新的ENSO循环负反馈机制.大气科学,20:79～89。

叶笃正,黄荣辉.1996.长江黄河流域旱涝规律和成因研究.济南:山东科学技术出版社

叶笃正,曾庆存,郭裕福.1991.当代气候学研究,北京:气象出版社

余志豪,蒋全荣.1994.厄尔尼诺,反厄尔尼诺和南方涛动.南京:南京大学出版社

余志豪,杨修群,任黎秀.2002.厄尔尼诺.南京:河海大学出版社

翟盘茂,江吉喜,张人禾.2000.厄尔尼诺事件的监测和预测.北京:气象出版社

赵振国.1999.中国夏季旱涝及环境场.北京:气象出版社

郑大伟,罗时芳等.1988.地球自转年际变化、厄尔尼诺事件和大气角动量.中国科学(B辑),3:332～337

中国大百科全书——大气科学海洋科学水文科学,北京:中国大百科全书出版社.1987

中国科学院大气物理研究所等.1997.中国气候灾害分布图集(1951～1990).北京:海洋出版社

Bjerknes J. 1966. A possible response of the atmospheric Hadley circulation to equatorial anomalies of ocean temperature. *Tellus*,18:820～829

Bjerknes J. 1969. Atmospheric teleconnections from the equatorial Pacific. *Mon. Weather Rev.*,97:163～172

Cane M A,Zebiak S E. 1985. A theory for El Nino and Southern Oscillation. *Science*,228:1084～1087

Center for Ocean－Land－Atmosphere Studies,*Experimental Long－Lead Forecast Bulletin*,2001,19(3)

Higgins R W,Leetmaa A,Xue Y,Barnston A. 2000. Dominant factors influencing the seasonal predictability of United States precipitation and surface air temperature. *J. Climate*, 13, 3994～4017

Hurrel J W. 1996. Influence of variations in extratropical wintertime teleconnections on Northern Hemisphere. *Geophy. Res. Lett.*,23(6),665～668

WMO. 2001. IPCC 第三次评估报告

NOAA/NCEP,2002. *Climate Diagnostics Bulletin*,12

Rasmusson E G,Carpenter T H. 1982. Variations in tropical sea surface temperature and surface wind fields associated with the Southern Oscillation/El Nino. *Mon. Wea. Rev.*, 110, 354～384

Reynolds R W,Rayner N A,Smith T M,Stokes D C,Wang W. 2002. An improved in situ and satellite SST analysis for climate. *J. Climate*,15, 1609

～1625

Reynolds R W, Smith T M. 1995. A high resolution global sea surface temperature climatology. *J. Climate*, 8, 1571～1583

Shukla J, Wallace J M. 1983. *J. Atmos. Sci.*, 40, 1613～1630

Smith T M, Reynolds R W. 1998. A high resolution global sea surface temperature climatology for the 1961～90 base period. *J. Climate*, 11, 3320～3323

Wallace J M, Zhang Y, Renwick J A. 1995. Dynamical contribution to hemispheric temperature trends. *Science*, 270, 780～783

Wallace J M, Zhang Y, Bajuk L. 1996. Interpretation of interdecadal trends in Northern Hemisphere surface air temperature. *J. Climate*, 9, 249～259

Wang Shaowu, Daoyi Gong. 2002. Enhancement of the warming trend in China. *Geophys. Res. Lett.*, 27(16), 2581～2584

Wolter K. 1987. The Southern Oscillation in surface circulation and climate over the tropical Atlantic, Eastern Pacific, and Indian Oceans as captured by cluster analysis. *J. Climate Appl. Meteor.*, 26, 540～558

Wolter K, Timlin M S. 1998. Measuring the strength of ENSO — how does 1997/98 rank? *Weather*, 53, 315～324

Yulaeva E, Wallace J M. 1994. The signature of ENSO in global temperature and precipitation fields derived from the microwave sounding unit. *J. Climate*, 7, 1719～1736

Zhai Panmao. et al. 2001. A diagnostics analysis of 1997/1998 ENSO event and the role of intra-seasonal oscillation in the tropical atmosphere. *J. Tropical Meteorology*, 7(2), 113～121

Zebiak S E, Cane M A. 1987. A model El Nino-Southern Oscillation. *Mon. Wea. Rev.*, 115, 2262～2278

后　记

“厄尔尼诺”是大气和海洋相互作用的结果，并对自然界和人类社会产生重要的影响，其研究受到了国内外科学家的高度重视。

从人类社会对于“厄尔尼诺”现象的探索历程中，我们可以领悟到自然现象的趣味性和复杂性，感受到现代科学技术对“厄尔尼诺”认识深化起到的巨大推动作用，感悟到学科交叉和综合所表现出来的潜力和优势，也可以充分认识到国际合作在全球性科学问题研究中的重要意义。

本书紧密结合厄尔尼诺有关的研究和业务，对厄尔尼诺及其全球影响、厄尔尼诺的科学认识、厄尔尼诺监测和预测技术与水平以及未来需要进一步开展的工作和对策等进行了总结和分析，为了提供给读者更多的科学信息，我们还特意附上了厄尔尼诺有关的网站信息。在编写方式上，还把重要的有关知识性的名词用注释框的形式列出。为了比较全面地反映国内外在此领域取得的巨大成就，书中除了作者多年来在厄尔尼诺的有关研究和业务中积累了大量材料外，还引用了许多他人的成果。对于其它来源的成果，我们尽量注明了其出处和来源。由于本书写作时间仓促和水平的限制，在反映相关成果的全面性和内容上难免有疏漏和不足之处，敬请指正。

本书第一、二章由李晓燕完成，第三、四章由任福民完成，第五、六、七章由翟盘茂完成，附录中有关厄尔尼诺的英特网址由李威整理和编写，郭艳君专门计算和编写了第五章中气候标准值变化对厄尔尼诺诊断的影响，王小玲对书中不少插图进行了绘制。翟盘茂对全书的编写进行了统一规划和设计，并完成全书的统稿工作。此外，国家气候中心陈乾金、赵振国、赵宗慈三位研究员对书中有关章节进行审核并提出了一些宝贵的修改意见，作者在此向他们表示衷心感谢。

作　者

2003 年 2 月于北京

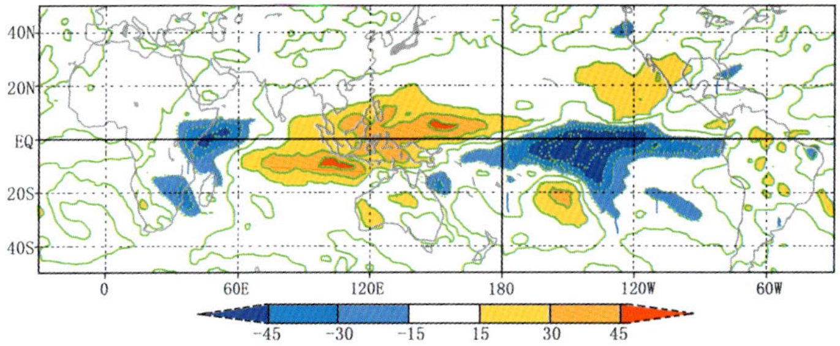

图 1.16　1998 年 1 月向外长波辐射距平图

（正值的区域对流活动比正常情况减弱，负值的区域对流活动比正常情况增强）

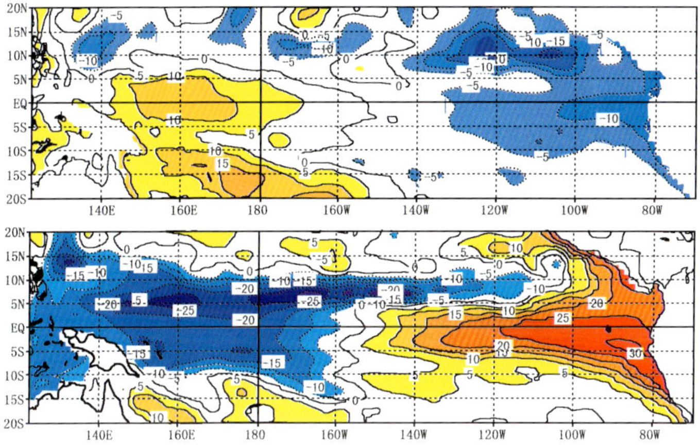

图 1.17　热带太平洋海平面高度距平

上图 1997 年 1 月　　下图 1997 年 12 月

（厄尔尼诺爆发前直到爆发峰值期，

赤道西太平洋海平面下降了 20～35cm，东太平洋上升了 20～40cm）

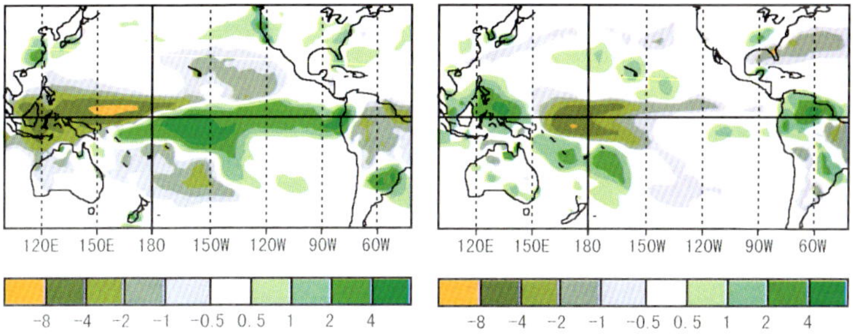

图 2.1　厄尔尼诺事件（左图）和拉尼娜事件（右图）期间热带太平洋降水距平分布型

（引自美国 www.cpc.ncep.noaa.gov）

（正距平为降水比正常年份增加的区域，负距平为降水比正常年份减少的区域）

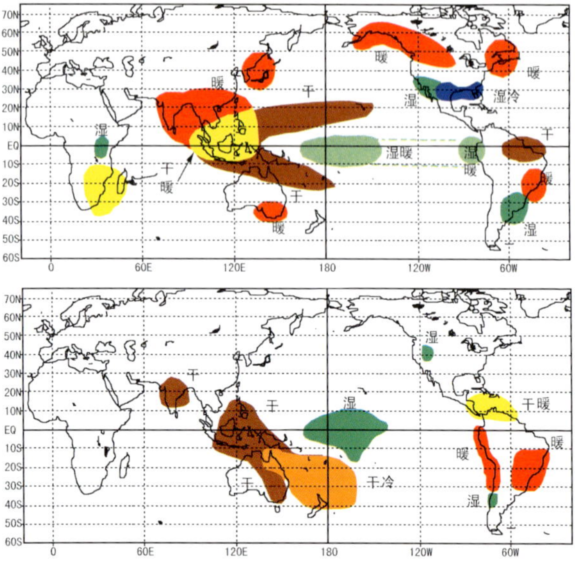

图2.2　厄尔尼诺对全球气候的影响

上图 12～2 月　　下图 6～8 月

(引自美国 www.cpc.ncep.noaa.gov)

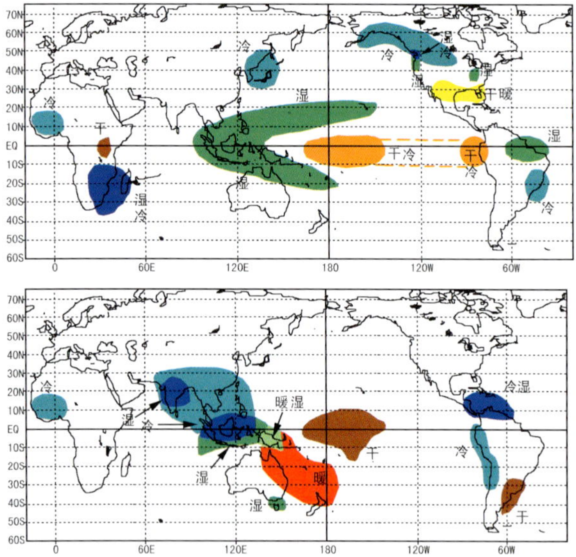

图2.3　拉尼娜对全球气候的影响

上图 12～2 月　　下图 6～8 月

(引自美国 www.cpc.ncep.noaa.gov)

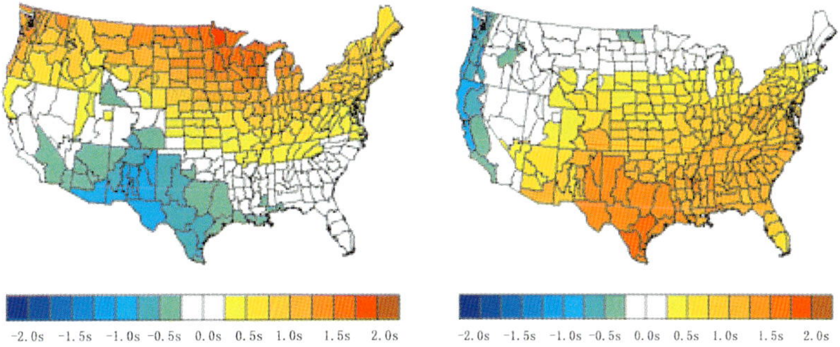

图 2.6 美国冬季(11～3 月)ENSO 期间标准化温度距平分布

左图：厄尔尼诺年　右图：拉尼娜年

(引自美国 NCEP)

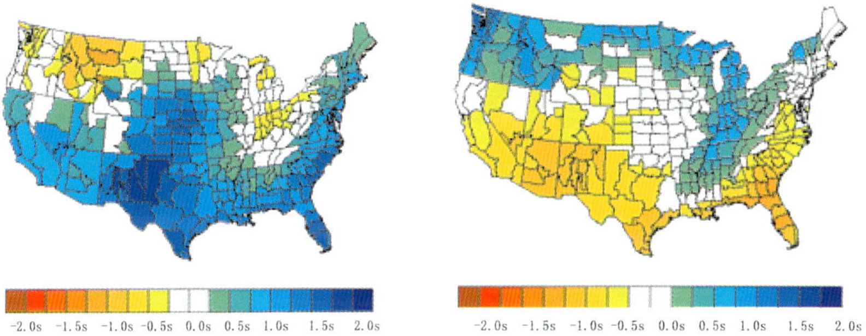

图 2.7 美国冬季（11～3 月）ENSO 期间标准化降水距平分布

左图：厄尔尼诺年　右图：拉尼娜年

(引自美国 NCEP)

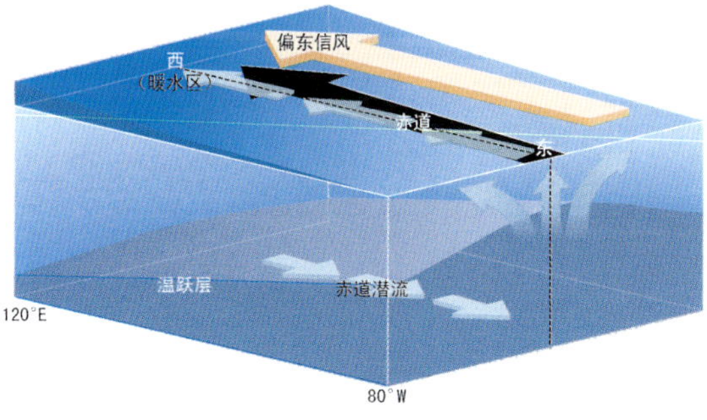

图 3.2 正常情况下信风对赤道太平洋海水结构的维持作用示意图

(引自美国 NOAA 网站)

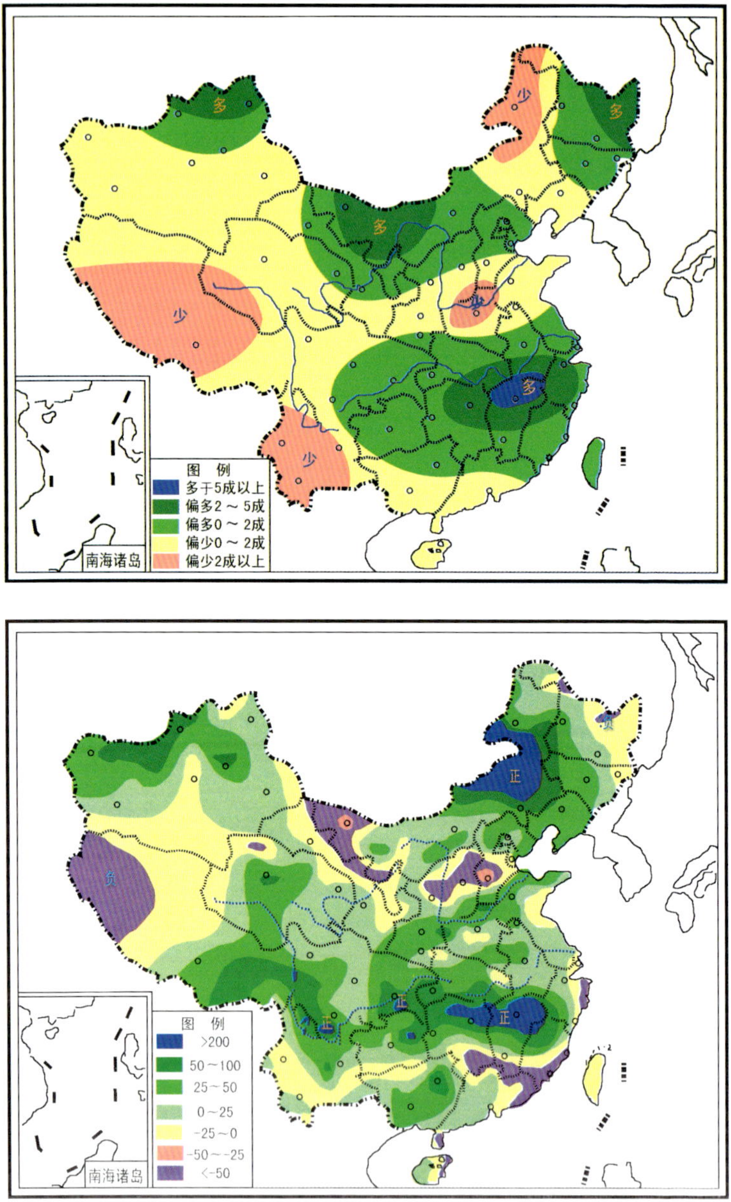

图 7.8　国家气候中心发布的1998年夏季（6～8月）
降水距平分布的预报（上）和实际观测图（下）
（引自国家气候中心气候诊断预测室）